微积分学习指导教程

主　编　沈彩霞　黄永彪　刘巧玲
副主编　杨社平　梁元星　农　正
　　　　苏　韩　贺仁初　魏小军

北京理工大学出版社
BEIJING INSTITUTE OF TECHNOLOGY PRESS

内 容 简 介

本书是根据沈彩霞、黄永彪主编的《简明微积分》编写而成的配套辅导教材，主要是为普通高等院校少数民族预科生编写的. 全书包括函数、函数极限、连续函数、导数与微分、中值定理与导数应用、不定积分和定积分等内容.

全书体例严谨、脉络清晰、层次分明、结构完整、各类题型设计合理，有助于提高学生学习兴趣，增强学生的解题能力，又可作为普通高等院校经济类、管理类等各专业和高职高专类学生学习的参考书，也可供其他自学者使用.

图书在版编目（CIP）数据

微积分学习指导教程 / 沈彩霞，黄永彪，刘巧玲主编. — 北京：北京理工大学出版社，2021. 9

ISBN 978 - 7 - 5763 - 0283 - 7

Ⅰ. ①微… Ⅱ. ①沈… ②黄… ③刘… Ⅲ. ①微积分 - 高等学校 - 教学参考资料 Ⅳ. ①O172

中国版本图书馆 CIP 数据核字（2021）第 177608 号

出版发行 / 北京理工大学出版社有限责任公司
社　　址 / 北京市海淀区中关村南大街 5 号
邮　　编 / 100081
电　　话 / （010）68914775（总编室）
　　　　　（010）82562903（教材售后服务热线）
　　　　　（010）68944723（其他图书服务热线）
网　　址 / http：//www. bitpress. com. cn
经　　销 / 全国各地新华书店
印　　刷 / 三河市天利华印刷装订有限公司
开　　本 / 787 毫米 ×1092 毫米　1/16
印　　张 / 11. 75
字　　数 / 273 千字
版　　次 / 2021 年 9 月第 1 版　2021 年 9 月第 1 次印刷
定　　价 / 32. 00 元

责任编辑 / 孟祥雪
文案编辑 / 孟祥雪
责任校对 / 刘亚男
责任印制 / 李志强

前言 PREFACE

本书是根据沈彩霞、黄永彪主编的《简明微积分》（以下简称主教材）编写而成的配套辅导教材.

编写本学习指导教程源于以下两方面考虑：

一是加强对主教材内容的认知. 由于篇幅所限，主教材不可能完全覆盖并诠释每个知识点的内涵和适用范围.

二是弥补课堂教学的不足. 由于教学时数的限制，导致课堂教学内容多、速度快，不少大学新生不能适应大学数学的教学方式和方法，并且许多解题方法和技巧不可能在课堂上得到完善的讲解和演练，当然更谈不上让学生系统掌握这些方法和技巧了.

本书按照主教材的章节顺序编排内容，便于学生同步学习使用，各章节的基本框架为：

知识要点：列出本节必须掌握的知识点，包括定义、性质、定理、推论等一些重要结论.

重难点分析：对本节的重点、难点进行详细的分析.

解题方法技巧：对本节用到的解题方法和技巧进行归纳小结与提升.

经典题型详解：按题型分类精选例题，进行解答剖析与详解，是对主教材中例题的重要补充.

同步练习：与主教材例题和习题难度相当，增加学生练习数量，进一步巩固学生对基础知识的掌握.

自测题：每章后面精选一些难度适中的题目编成一套自测题，用于学生自行检测对本章知识的掌握程度.

本教材包括函数、函数极限、连续函数、导数与微分、中值定理与导数应用、不定积分和定积分等内容，主要是为普通高等院校少数民族预科生编写的，也可作为普通高等院校经济类、管理类等各专业和高职高专类学生学习的参考书，也可供其他自学者使用.

本书的编写分工：魏小军第 1 章，杨社平、苏韩第 2 章，黄永彪第 3 章，刘巧玲、农正第 4 章，梁元星第 5 章，沈彩霞第 6 章，贺仁初第 7 章. 全书由沈彩霞、黄永彪具体策划和组稿、审稿，最后由沈彩霞统稿和定稿.

限于编者水平，教材中难免有不足之处，殷切希望广大读者批评指正.

编　者

目 录 CONTENTS

第1章　函数

一、基本要求

(1) 理解函数的概念与表示法.
(2) 掌握函数的性质（有界性、单调性、奇偶性）.
(3) 理解分段函数、反函数的概念.
(4) 掌握基本初等函数的图像与性质.
(5) 理解复合函数与初等函数的概念.

二、知识网络图

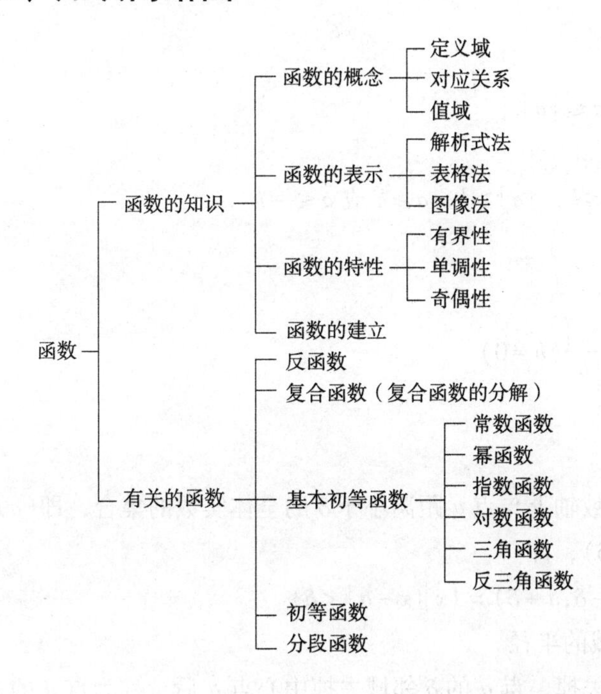

1.1　预备知识

一、知识要点

1. 常量与变量

常量：在某个过程中，总是保持不变而取确定的值.
变量：在某个过程中，总是不断地变化而取不同的值.

2. 区间

(1) 有限区间.

①设 a 和 b 都是实数，且 $a<b$，则称实数集合 $\{x|a\leqslant x\leqslant b\}$ 为闭区间，记作 $[a,b]$.

②称实数集合 $\{x|a<x<b\}$ 为开区间，记作 (a,b).

③称实数集合 $\{x|a\leqslant x<b\}$ 和 $\{x|a<x\leqslant b\}$ 为半开半闭区间，分别记作 $[a,b)$ 和 $(a,b]$.

(2) 无限区间.

$$\text{实数集合}\{x|a\leqslant x<+\infty\},\ \{x|-\infty<x<b\},\ \{x|-\infty<x<+\infty\}$$

等都是无限区间.

3. 绝对值的概念

实数 a 的绝对值是一个非负实数，记作 $|a|$，即

$$|a|=\begin{cases}a, & a\geqslant 0\\ -a, & a<0\end{cases}$$

4. 绝对值的性质

性质 1　对任何实数 a，有 $-|a|\leqslant a\leqslant|a|$.

性质 2　设 $k>0$，则

$$|a|\leqslant k\Leftrightarrow -k\leqslant a\leqslant k,\ |a|\geqslant k\Leftrightarrow a\geqslant k \text{ 或 } a\leqslant -k$$

性质 3　$|a+b|\leqslant|a|+|b|$.

性质 4　$|a-b|\geqslant\big||a|-|b|\big|$.

性质 5　$|ab|=|a|\cdot|b|$，$\left|\dfrac{a}{b}\right|=\dfrac{|a|}{|b|}(b\neq 0)$.

5. 邻域

设 a 和 δ 是两个实数，且 $\delta>0$，则数轴上与点 a 距离小于 δ 的全体实数的集合，即 $(a-\delta,a+\delta)$ 称为点 a 的 δ 邻域，记作 $U(a,\delta)$，即

$$U(a,\delta)=(a-\delta,a+\delta)=\{x||x-a|<\delta\}$$

其中，点 a 称为邻域的中心；δ 称为邻域的半径.

有时用到的邻域需要把邻域的中心去掉，点 a 的 δ 邻域去掉中心点 a 后，称为点 a 的去心 δ 邻域，记作

$$\mathring{U}(a,\delta)=\{x|0<|x-a|<\delta\}$$

二、重难点分析

1. 绝对值

正数的绝对值是它本身，负数的绝对值是它的相反数，零的绝对值是零. 值得注意的

是：零的绝对值是零包括两层意思：其一，零的绝对值是它本身；其二，零的绝对值是它的相反数.

2. 绝对值的性质

性质 1 对任何实数 a，有 $-|a|\leqslant a\leqslant |a|$，这是去绝对值后 a 的范围.

性质 2 设 $k>0$，则

$$|a|\leqslant k\Leftrightarrow -k\leqslant a\leqslant k$$

$$|a|\geqslant k\Leftrightarrow a\geqslant k \text{ 或 } a\leqslant -k$$

去绝对值要取决于不等号的方向.

3. 邻域

点 a 的 δ 邻域去掉中心点 a 后，称为点 a 的去心 δ 邻域，记作 $\mathring{U}(a,\delta)$

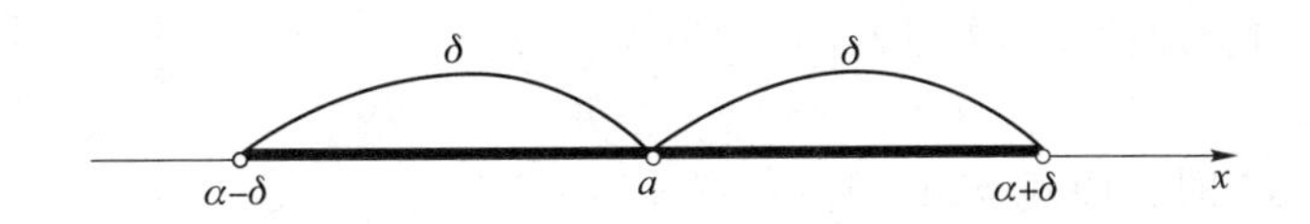

三、解题方法技巧

1. 邻域的表示方法

邻域可以用区间表示，也可以用集合表示.

邻域用区间表示：

$$U(a,\delta)=(a-\delta,a+\delta)$$

邻域用集合表示：

$$U(a,\delta)=\{x\,|\,|x-a|<\delta\}=\{x\,|\,a-\delta<x<a+\delta\}$$

$$\mathring{U}(a,\delta)=\{x\,|\,0<|x-a|<\delta\}=\{x\,|\,a-\delta<x<a \text{ 或 } a<x<a+\delta\}$$

注意：去心邻域 $\mathring{U}(a,\delta)$ 和邻域 $U(a,\delta)$ 的区别.

四、经典题型详解

题型一　邻域的表示

例 1 用集合记号表示：

(1)点 2 的 $\frac{1}{2}$ 的邻域；(2)点 2 的去心 $\frac{1}{2}$ 的邻域.

分析：根据邻域的定义分别表示即可.

解 (1) $U\left(2,\frac{1}{2}\right)=\left\{x\,\middle|\,|x-2|<\frac{1}{2}\right\}=\left\{x\,\middle|\,\frac{3}{2}<x<\frac{5}{2}\right\}$；

(2) $\mathring{U}\left(2,\frac{1}{2}\right)=\left\{x\,\middle|\,0<|x-2|<\frac{1}{2}\right\}=\left\{x\,\middle|\,\frac{3}{2}<x<\frac{5}{2},x\neq 2\right\}$.

题型二　绝对值的性质的运用

例 2　已知 a 是不为 0 的实数，求 $\frac{|a|}{a}+\frac{|a^2|}{a^2}+\frac{|a^3|}{a^3}$ 的值.

分析：因为 a 是不为 0 的实数，所以 a 可能大于或者小于 0，去掉绝对值时要分两种情况进行讨论.

解　当 $a>0$ 时，$\frac{|a|}{a}+\frac{|a^2|}{a^2}+\frac{|a^3|}{a^3}=1+1+1=3$；

当 $a<0$ 时，$\frac{|a|}{a}+\frac{|a^2|}{a^2}+\frac{|a^3|}{a^3}=-1+1-1=-1$.

例 3　化简：$|2x-1|-|x-2|$.

分析：对于去绝对值，关键是找到它的零点，然后分段来化简.

解　函数的零点为 $x=\frac{1}{2}, x=2$.

当 $x<\frac{1}{2}$ 时，原式 $=-2x+1+x-2=-x-1$；

当 $\frac{1}{2}\leqslant x\leqslant 2$ 时，原式 $=2x-1+x-2=3x-3$；

当 $x>2$ 时，原式 $=2x-1-x+2=x+1$.

同步练习 1

1. 单项选择题

（1）不等式 $-1\leqslant x<8$ 用区间符号表示正确的是（　　）.

A. $[-1,8]$　　B. $(-1,8)$　　C. $(-1,8]$　　D. $[-1,8)$

（2）以 -1 为中心、$\frac{1}{3}$ 为半径的邻域，用区间符号表示正确的是（　　）.

A. $\left(-\frac{4}{3},-\frac{2}{3}\right)$　　B. $\left[-\frac{4}{3},-\frac{2}{3}\right]$　　C. $\left(-1,\frac{1}{3}\right)$　　D. $\left(-\frac{4}{3},\frac{1}{3}\right)$

（3）以 -2 为中心、$\frac{1}{4}$ 为半径的去心邻域，用区间符号表示正确的是（　　）.

A. $\left(-\frac{9}{4},\frac{7}{4}\right)$　　B. $\left(-\frac{9}{4},-2\right)\cup\left(-2,\frac{7}{4}\right)$

C. $\left[-\frac{9}{4},\frac{7}{4}\right)$　　D. $\left(-2,\frac{1}{4}\right)$

（4）用邻域符号表示以 2 为中心、3 为半径的去心邻域为（　　）.

A. $U(2,3)$　　B. $\mathring{U}(2,3)$　　C. $(2,3)$　　D. $(-2,3)$

（5）关于绝对值的性质下列说法正确的是（　　）.

A. 对于任何实数 a，恒有 $-|a|\leqslant a\leqslant|a|$　　B. 如果 $|ab|=|a||b|$，那么 $\left|\frac{a}{b}\right|=\frac{|a|}{|b|}$

C. 如果 $|a|\leqslant k$，那么 $a\geqslant k$，或 $a\leqslant -k$　　D. 如果 $|a|\geqslant k$，那么 $-k\leqslant a\leqslant k$

2. 填空题

（1）用集合符号来表示邻域 $U\left(1,\frac{1}{2}\right)$________.

（2）以 3 为中心、$\frac{1}{4}$为半径的去心邻域为________.

（3）当 $|a| = \pm a$ 时，$a =$________.

（4）用集合符号表示不等式 $|2x+1| < \frac{\varepsilon}{2}(\varepsilon > 0)$ 所确定的 x 的范围________.

（5）$|a|$的几何意义：____________________.

3. 判断题

（1）区间 $[-1,3],(-4,10),(3,8],(-\infty,3)$ 都是有限区间.（　）

（2）实数 a 绝对值恒大于0.（　）

（3）以 $-\frac{1}{2}$为中心、1 为半径的邻域是 $\mathring{U}\left(-\frac{1}{2},1\right)$.（　）

4. 解答题

（1）用集合符号来表示下列的区间：

①$[-1,3)$；②$(-\infty,1)\cup(1,+\infty)$.

（2）用区间来表示下列的邻域，并在数轴上画出它们的几何表示：

①以 1 为中心、2 为半径的邻域；

②以 -1 为中心、1 为半径的去心邻域.

1.2　不等式

一、知识要点

1. 不等式的性质

（1）实数大小的性质.

$$a-b>0 \Leftrightarrow a>b$$

$$a-b=0 \Leftrightarrow a=b$$

$$a-b<0 \Leftrightarrow a<b$$

（2）不等式的基本性质.

① $$a>b, b>c \Rightarrow a>c$$

② $$a>b \Leftrightarrow a+c>b+c$$

$$a+b>c \Leftrightarrow a>c-b$$

$$a>b, c>d \Rightarrow a+c>b+d$$

③ $$a>b, c>0 \Rightarrow ac>bc$$

$$a>b, c<0 \Rightarrow ac<bc$$

$$a>b>0, c>d>0 \Rightarrow ac>bc$$

$$a>b>0 \Rightarrow a^n>b^n (n \geqslant 2, n \in \mathbf{N})$$

$$a>b>0 \Rightarrow \sqrt[n]{a}>\sqrt[n]{b} (n \geqslant 2, n \in \mathbf{N})$$

（3）重要不等式．

①对任意实数 a，b 都有 $a^2+b^2 \geqslant 2ab$，并且当且仅当 $a=b$ 时等号成立．

②对任意正实数 a，b 都有 $\frac{a+b}{2} \geqslant \sqrt{ab}$，并且当且仅当 $a=b$ 时等号成立．

③对任意正实数 a，b，c 都有 $\frac{a+b+c}{3} \geqslant \sqrt[3]{abc}$，并且当且仅当 $a=b=c$ 时等号成立．

2. 一元二次不等式

含有一个未知数并且未知数最高次数是二次的不等式叫作一元二次不等式．它的一般形式是 $ax^2+bx+c>0$ 或 $ax^2+bx+c<0(a \neq 0)$．

一元二次不等式与相应的二次函数及一元二次方程的关系如下表所示：

判别式 $\Delta=b^2-4ac$	$\Delta>0$	$\Delta=0$	$\Delta<0$
一元二次方程 $ax^2+bx+c=0$ 的根	有两相异实根 $x_1, x_2(x_1<x_2)$	有两相等实根 $x_1=x_2=-\frac{b}{2a}$	没有实根
二次函数 $y=ax^2+bx+c(a>0)$ 图像	y, O, x, x_1, x_2	y, O, x, $x_1=x_2$	y, O, x
$ax^2+bx+c>0(a>0)$ 的解集	$\{x \mid x<x_1$ 或 $x>x_2\}$	$\left\{x \mid x \neq -\frac{b}{2a}\right\}$	$\mathbf{R}$
$ax^2+bx+c<0(a>0)$ 的解集	$\{x \mid x_1<x<x_2\}$	$\varnothing$	$\varnothing$

3. 含有绝对值的不等式

在实数中，对任意实数 a

$$|a|=\begin{cases} a(a>0) \\ 0(a=0) \\ -a(a<0) \end{cases}$$

数 a 的绝对值 $|a|$，在数轴上等于对应实数 a 的点到原点的距离．

二、重难点分析

1. 一元二次不等式的解法

（1）通过对不等式变形，使二次项系数大于0；

（2）计算出对应方程的判别式；

（3）求出相应的一元二次方程的根，或根据判别式说明方程有没有实数根；

（4）根据函数图像与 x 轴的相关位置，写出不等式的解集．

2. 绝对值不等式的解法

（1）对于含单个绝对值符号的不等式，依据下述结论去掉绝对值符号．

一般地，如果 $a>0$，则

$$|x| \leqslant a \Leftrightarrow -a \leqslant x \leqslant a$$

$$|x| > a \Leftrightarrow x < -a \text{ 或 } x > a$$

（2）对于含多个绝对值符号的不等式，一般分段讨论去掉绝对值符号（具体参看后面的例 5）．

三、解题方法技巧

（1）一元一次不等式的解法．

常用到的方法：①去分母；②去括号；③移项；④合并同类项；⑤系数化为 1，当系数是负数时，不等号的方向要改变．

（2）一元二次不等式的解法．

常用到的方法：①求根公式；②配方法；③因式分解．

（3）含绝对值不等式的解法．

关键在于去掉绝对值符号，化为一元一次不等式（组）或一元二次不等式（组），然后再求解．

四、经典题型详解

题型一　不等式的解法

例 1　解不等式 $\dfrac{1+x}{x-3}>1$.

分析：对于分式不等式，我们通常是将分式不等式化为整式不等式，分式不等式的右边为 0，不等式左边不能再化简为止．所以本题我们将右边的 1 移项到左边，因为此时分子大于 0，故分母也要大于 0，得解 $x>3$.

解　原不等式等价于

$$\frac{1+x}{x-3}-\frac{x-3}{x-3}>0$$

等价于

$$\frac{4}{x-3}>0$$

即原不等式的解为 $x>3$.

例 2　解不等式 $x^2-3x-3>1$.

分析：对一元二次不等式的解答，可将右边的所有项移到左边，此时左边是一个一元二次函数. 我们可依据因式分解、求根公式等求得解，这时需要注意不等号的方向问题．一般情况，大于号取根的两边，即大于大的或小于小的．

解 原不等式等价于 $x^2-3x-4>0$

等价于 $(x-4)(x+1)>0$

即原不等式的解为 $x>4$ 或 $x<-1$.

例 3 解不等式 $-x^2+7x>6$.

分析：对一元二次不等式的解答，可将右边的所有项移到左边，此时左边是一个一元二次函数. 但如果二次项系数不是正数，可先将它化为正数再进行求解，这时需要注意不等号方向问题. 一般情况，小于号取根的中间，即大于小的且小于大的.

解 原不等式可化为 $x^2-7x+6<0$

解方程 $x^2-7x+6=0$，得 $x_1=1, x_2=6$.

结合二次函数 $y=x^2-7x+6$ 的图像知，原不等式的解集为 $\{x|1<x<6\}$.

题型二　含绝对值不等式的解法

例 4 解绝对值不等式 $|x-2|<5$.

分析：解绝对值不等式的关键是去掉绝对值，本题去掉绝对值 $-5<x-2<5$，即可求解不等式.

解 去绝对值得 $-5<x-2<5$，即 $-3<x<7$.

区间表示为 $(-3, 7)$；

集合表示为 $\{x|-3<x<7\}$.

例 5 解绝对值不等式 $|x^2-4|<x+2$.

分析：本题去掉绝对值要分两种情况来考虑，当 $x^2-4\geqslant 0$ 时，直接去掉绝对值，不需要加任何符号，即 $x^2-4<x+2$；当 $x^2-4<0$ 时，去掉绝对值需要添加负号，即 $4-x^2<x+2$，最终解得的结果取并集.

解 原不等式等价于 $\begin{cases} x^2-4\geqslant 0 \\ x^2-4<x+2 \end{cases}$ 或 $\begin{cases} x^2-4<0 \\ 4-x^2<x+2 \end{cases}$

即 $\begin{cases} x\geqslant 2 \text{ 或 } x\leqslant -2 \\ -2<x<3 \end{cases}$ 或 $\begin{cases} -2<x<2 \\ x<-2 \text{ 或 } x>1 \end{cases}$

所以，$2\leqslant x<3$ 或 $1<x<2$.

故不等式的解集为 $\{x|1<x<3\}$.

例 6 $|x-2|-|x+3|>0$.

分析：首先找到零点，此题的零点为 $x=2, x=-3$，分区间讨论，分别取符合条件的部分，最后综上所述取并集.

解 ①当 $x<-3$ 时，原不等式为

$$-(x-2)+(x+3)>0$$

即 $x\in \mathbf{R}$.

所以，当 $x<-3$ 时，原不等式解为 $x<-3$.

②当 $-3\leqslant x\leqslant 2$ 时，原不等式为

$$-(x-2)-(x+3)>0$$

即 $x<-\frac{1}{2}$.

所以，当 $-3\leqslant x\leqslant 2$ 时，原不等式 $-3\leqslant x<-\frac{1}{2}$.

③当 $x>2$ 时，原不等式为

$$x-2-(x+3)>0$$

即 $-5>0$.

所以，当 $x>2$ 时，原不等式为无解.

故综合①②③，原不等式的解集为$\left(-\infty,-\frac{1}{2}\right)$.

同步练习 2

1. 单项选择题

（1）如果 a，b 是任意实数，且 $a>b$，那么（　　）.

A. $a^2>b^2$　　B. $\frac{b}{a}<1$　　C. $\lg(a-b)>0$　　D. $\left(\frac{1}{2}\right)^a<\left(\frac{1}{2}\right)^b$

（2）不等式 $|x-5|>3$ 的解集是（　　）.

A. $\{x|-8<x<8\}$　　B. $\{x|-2<x<2\}$

C. $\{x|x<2$ 或 $x>8\}$　　D. $\{x|x<-8$ 或 $x>2\}$

（3）如果 a,b,c 为任意实数，且 $a>b$，那么下列不等式恒成立的是（　　）.

A. $ac>bc$　　B. $|a+c|>|b+c|$

C. $a^2>b^2$　　D. $a+c>b+c$

（4）若关于 x 的不等式 $ax^2+bx-2>0$ 的解集是$\left(-\infty,-\frac{1}{2}\right)\cup\left(\frac{1}{3},+\infty\right)$,则 $ab=$（　　）.

A. -24　　B. 24　　C. 14　　D. -14

（5）$\left|\frac{x}{x+5}\right|>\frac{x}{x+5}$的解集是（　　）.

A. $(-5,0)$　　B. $(-5,5)$

C. $\mathbf{R}$　　D. $(-\infty,-5)\cup(0,+\infty)$

2. 填空题

（1）如果不等式组$\begin{cases}x<b\\x>-1\end{cases}$无解，那么 b 的取值范围是________.

（2）如果不等式 $|2x-1|<10$，那么 x 的解集是________.

（3）不等式 $(x-2)(x+3)>0$ 的解集是________.

（4）若 $a>0>b$，那么 ab ________0.

（5）绝对值不等式 $|2x-3|>|3x+1|$的解集是________.

3. 判断题

（1）如果 $a>b>c$，那么 $ab>bc$.　　（　　）

(2) 对于任意的实数 a,b 都有$\frac{a+b}{2}\geqslant\sqrt{ab}$，当且仅当 $a=b$ 时等号成立．（　　）

(3) 比较大小：$(x^2+1)^2>(x^4+x^2+1)$．（　　）

4. 解下列不等式

(1) $|x^2-3x-1|>3$；

(2) $|x-2|>|x+1|-3$.

1.3 函数

一、知识要点

1. 函数的概念

定义 设 D 是非空实数集，若对 D 中任意数 $x(\forall x\in D)$，按照对应关系 f，总有唯一的 $y\in\mathbf{R}$ 与之对应，则称 f 是定义在 D 上的一个一元实函数，简称一元函数或函数，记为 $f:D\to\mathbf{R}$,数 x 对应的数 y，称为 x 的函数值，表示为 $y=f(x)$，x 称为自变量，y 称为因变量．数集 D 称为函数 f 的定义域，所有相应函数值 y 组成的集合 $f(D)=\{y|y=f(x),x\in D\}$称为这个函数的值域．

2. 函数的表示方法

(1) 表格法；

(2) 图像法；

(3) 公式法（解析式法）．

3. 分段函数

一般地，用公式法表示函数时，有时自变量在不同的范围需要用不同的式子来表示一个函数，这种函数称为**分段函数**．

4. 函数的特性

(1) 函数的有界性．

设函数 $f(x)$ 的定义域为 D，区间 $I\subset D$，如果存在数 P（或 Q），对于一切 $x\in I$，都有 $f(x)\leqslant P$（或 $Q\leqslant f(x)$）成立，则称 $f(x)$ 在区间 I 上有上界（有下界），并称 P 是函数 $f(x)$ 在区间 I 上的一个上界（或 Q 是函数 $f(x)$ 在区间 I 上的一个下界）．

函数 $f(x)$ 在区间 I 上有界的充要条件是函数 $f(x)$ 在区间 I 上既有上界又有下界．

(2) 函数的单调性．

设函数 $f(x)$ 的定义域为 D，区间 $I\in D$，x_1,x_2 是 I 上的任意两点，且 $x_1<x_2$，如果恒有

$$f(x_1)<f(x_2)\quad(\text{或}(f(x_1)>f(x_2)))$$

成立，则称函数$f(x)$在区间I上是单调增加（单调减少）的．单调增加和单调减少的函数，统称为单调函数．

（3）函数的奇偶性．

设函数$f(x)$的定义域D关于原点对称，如果对于任意$x\in D$，都有$f(-x)=f(x)$，则称函数$f(x)$为偶函数；如果对任意，都有$f(-x)=-f(x)$，则称函数$f(x)$为奇函数．

偶函数的图像关于y轴对称．

奇函数的图像关于原点对称．

二、重难点分析

1. 函数的定义域

如果不考虑函数的实际意义，是指使得函数表达式有意义的所有实数的集合，即自然定义域．

2. 函数的奇偶性

（1）根据奇偶性的定义去判断．

①$f(x)+f(-x)=0$判断函数是奇函数；

②$f(x)-f(-x)=0$判断函数是偶函数．

（2）运算性质判断．

①奇函数与奇函数的和（差）是奇函数；

②奇函数与奇函数的积（商）是偶函数（分母不为0）；

③偶函数与偶函数的和（差）是偶函数；

④偶函数与偶函数的积（商）是偶函数（分母不为0）；

⑤奇函数与偶函数的和（差）既不是奇函数也不是偶函数；

⑥奇函数与偶函数的积（商）是奇函数（分母不为0）．

3. 函数单调性

（1）单调性可以依靠定义来判定，还可以利用高中学习过的求导来判定；

（2）利用单调函数的性质；

（3）两个递增（减）函数的复合是递增函数，一个递增、一个递减函数的复合是递减函数．

三、解题技巧

1. 函数的定义域

（1）具体函数式．

①分式的分母不为0；

②偶数次根式要大于等于0，奇数次根式的定义域为**R**；

③指数函数的定义域为**R**；

④对数函数的定义域$x>0$.

（2）实际问题.

应该考虑实际情况而定.

（3）抽象函数.

依据函数的定义和条件来定.

2. 判断两个函数是否为同一函数

（1）定义域相同；

（2）值域相同；

（3）对应关系一致.

3. 判断奇偶函数

（1）若$f(-x)=f(x)$，则$f(x)$为偶函数；若$f(-x)=-f(x)$，则$f(x)$为奇函数.

（2）若$f(-x)-f(x)=0$，则$f(x)$为偶函数；若$f(-x)+f(x)=0$，则$f(x)$为奇函数.

偶函数$f(x)$的图像关于y轴对称；奇函数$f(x)$的图像关于原点对称.

4. 函数有界性

函数的有界性一定要在确定的区间来讨论，若题中没指定区间，则先求函数的定义域.

5. 函数单调性的判断

定义法：设x_1,x_2是函数$f(x)$定义域上任意的两个数，且$x_1<x_2$，若$f(x_1)<f(x_2)$，则称此函数为增函数；反之，若$f(x_1)>f(x_2)$，则称此函数为减函数.

四、经典题型详解

题型一　求函数的定义域

例1　求函数$f(x)=\frac{1}{x-1}-\sqrt{1-x^2}$的定义域.

分析：依据分母不能为0，开偶数次根式大于等于0，取它们的交集即可.

解　由题意得

$$\begin{cases}1-x\neq 0\\1-x^2\geqslant 0\end{cases}$$

即

$$\begin{cases}x\neq 1\\-1\leqslant x\leqslant 1\end{cases}$$

故所求函数定义域为$[-1,1)$.

题型二　同一函数的判断

例2　判断下列各对函数是否为同一函数.

(1) $f(x)=\ln(x^2-4)$, $g(x)=\ln(x+2)+\ln(x-2)$;

(2) $f(x)=\ln\frac{1-x}{1+x}$, $g(x)=\ln(1-x)-\ln(1+x)$;

(3) $f(x)=\sqrt{x^2-2x+1}$, $g(x)=x-1$.

分析：判断两个函数是否相同，关键是看它们的定义域、对应关系、值域是否一致.

解 （1）根据对数性质，有

$$\ln(x^2-4)=\ln(x+2)+\ln(x-2)$$

$f(x)$的定义域由$\begin{cases}x+2<0\\x-2<0\end{cases}$或$\begin{cases}x+2>0\\x-2>0\end{cases}$得$(-\infty,-2)\cup(2,+\infty)$，而$g(x)$的定义域是$(2,+\infty)$，因此它们不是同一函数.

（2）根据对数性质，有

$$\ln\frac{1-x}{1+x}=\ln(1-x)-\ln(1+x)$$

$f(x)$的定义域由$\begin{cases}x+1<0\\1-x<0\end{cases}$或$\begin{cases}x+1>0\\1-x>0\end{cases}$得$(-1,1)$，$g(x)$的定义域也是$(-1,1)$，因此它们是同一函数.

（3）由题意可知$f(x)$与$g(x)$定义域都是$\mathbf{R}$，但是$f(x)$的值域是$\geqslant 0$，$g(x)$的值域是$\mathbf{R}$，因此它们不是同一函数.

题型三　函数特性的判别

例3　判断函数$y=\frac{1}{x}$在$[1,5]$的有界性.

分析：因为函数$y=\frac{1}{x}$在$[1,5]$单调递减，所以有最小值和最大值，即函数有上界和下界.

解　因为$y=\frac{1}{x}$在$[1,5]$上有最小值$\frac{1}{5}$，最大值1，

所以$\frac{1}{5}\leqslant y\leqslant 1$，即$y=\frac{1}{x}$在$[1,5]$上是有界的.

例4　判断函数$f(x)=\frac{ax}{x^2-1}(a\neq 0)$在区间$(-1,1)$内的单调性.

分析：本题主要考查函数的性质，考查分类讨论思想、逻辑思维能力与计算能力.（1）由函数的奇偶性的定义求解即可；（2）设任取$x_1,x_2\in(-1,1)$，且$x_1<x_2$，化简可得$f(x_2)-f(x_1)=\frac{a(x_1-x_2)(x_1x_2+1)}{(x_2^2-1)(x_1^2-1)}$，再分$a>0$与$a<0$两种情况讨论求解即可.

解　$\forall x_1,x_2\in(-1,1)$，且$x_1<x_2$.

因为

$$f(x_1)-f(x_2)=\frac{a(x_1x_2+1)(x_2-x_1)}{(x_1^2-1)(x_2^2-1)}$$

且

$$-1<x_1<x_2<1,x_1x_2+1>0,x_2-x_1>0,x_1^2-1<0,x_2^2-1<0$$

所以
$$\frac{(x_1x_2+1)(x_2-x_1)}{(x_1^2-1)(x_2^2-1)}>0$$

当 $a>0$ 时，$f(x)$ 在 $(-1,1)$ 内是单调递减函数.

当 $a<0$ 时，$f(x)$ 在 $(-1,1)$ 内是单调递增函数.

例 5 求函数 $f(x)=\lg\frac{1-x}{1+x}$ 的定义域和判断它的奇偶性.

分析：本题是求对数的定义域问题和判断函数的奇偶性，由对数函数的真数大于 0，可得 $\frac{1-x}{1+x}>0$，即求得 $-1<x<1$. 判断函数奇偶性，根据 $f(-x)=-f(x)$ 即可判断它为奇函数.

解 因为 $\frac{1-x}{1+x}>0$，且 $x\neq-1$，

所以 $(1-x)(1+x)>0$，解得 $-1<x<1$.

即函数 $f(x)=\lg\frac{1-x}{1+x}$ 的定义域为 $(-1,1)$.

$$f(-x)=\lg\frac{1-(-x)}{1-x}=\lg\frac{1+x}{1-x}=-\lg\frac{1-x}{1+x}=-f(x)$$

因此，函数 $f(x)=\lg\frac{1-x}{1+x}$ 是奇函数.

同步练习 3

1. 单项选择题

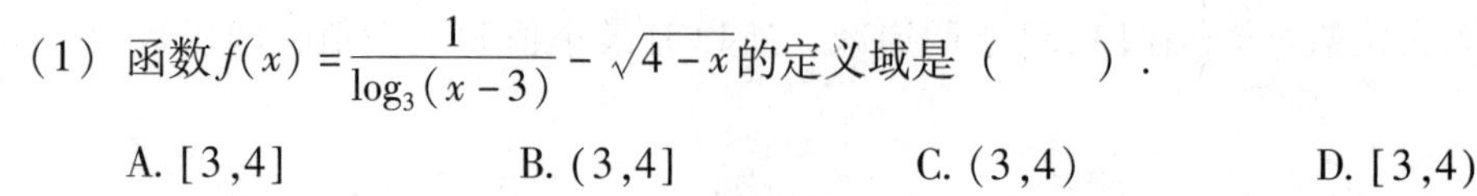

(1) 函数 $f(x)=\frac{1}{\log_3(x-3)}-\sqrt{4-x}$ 的定义域是（ ）.

A. $[3,4]$　　B. $(3,4]$　　C. $(3,4)$　　D. $[3,4)$

(2) 下列函数对中，表示两函数相同的是（ ）.

A. $f(x)=x, g(x)=\sqrt{x^2}$　　B. $f(x)=1, g(x)=\sin^2x+\cos^2x$

C. $f(x)=\ln x^2, g(x)=2\ln x$　　D. $f(x)=x, g(x)=\frac{x^2}{x}$

(3) 函数 $f(x)=\begin{cases}x-2, & -3\leqslant x\leqslant 0\\ x^2-1, & 0<x\leqslant 4\end{cases}$ 的定义域是（ ）.

A. $[-3,0]$　　B. $(0,4]$　　C. $[-3,4]$　　D. $(-3,4)$

(4) 函数 $f(x)=\frac{\pi}{2}-\sin x$ 是（ ）.

A. 单调递增函数　　B. 单调递减函数　　C. 有界函数　　D. 无界函数

(5) 已知函数 $f(x)$ 是奇函数，$g(x)$ 是偶函数，则 $f(x)g(x)$ 是（ ）.

A. 奇函数　　B. 偶函数

C. 非奇非偶函数　　D. 既是奇函数又是偶函数

2. 填空题

（1）函数$f(x)=\frac{1}{x^2-2}+\sqrt{x^2-2}+\log_3(x^2-3)$的定义域为________.

（2）设$f(x+1)=x^2$，则$f(x-1)=$________.

（3）定义在$\mathbf{R}$上的奇函数$f(x)$在$(0,+\infty)$内是增函数，又$f(-3)=0$，则不等式$xf(x)<0$的解集是________.

（4）函数$f(x)=x^2+\tan x$是________函数（奇偶性）.

（5）当$|x|<1$时，$f(x)=\sqrt{1-x^2}$的最大值是________.

3. 判断题

（1）函数$f(x)=\frac{x+1}{x^2-1}$与$g(x)=\frac{1}{x-1}$相同.（　　）

（2）函数$f(x)=\sin x\cdot\cos x$是偶函数.（　　）

（3）任何函数都具有奇偶性.（　　）

4. 解答题

（1）判断下列函数的奇偶性

①$f(x)=x^5\cdot\tan x$；

②$f(x)=\frac{x^2}{\cos x}$.

（2）把函数$f(x)=2|x-2|+|x-1|$表示成分段函数，并画出它的图像.

（3）已知$f(x)=x^5+ax^3+bx-8$且$f(-2)=10$，求$f(2)$.

1.4　反函数

一、知识要点

1. *反函数的概念*

定义　对于函数$y=f(x)$，设它的定义域为D，值域为A，如果对A中任意一个值y，在D中总有唯一确定的x值与它对应，且满足$y=f(x)$，这样得到的x关于的y函数叫作$y=f(x)$的反函数，记作$x=f^{-1}(y)$. 习惯上，自变量常用x表示，而函数用y表示，所以把它改写为$y=f^{-1}(x)(x\in A)$.

一般地，函数$y=f(x)$的图像和它的反函数$y=f^{-1}(x)$的图像关于直线$y=x$对称.

二、重难点分析

（1）关于反函数的概念.

如果函数$y=f(x)$有反函数$y=f^{-1}(x)$，那么函数$y=f^{-1}(x)$的反函数就是$y=f(x)$，这就是说，函数$y=f(x)$与函数$y=f^{-1}(x)$互为反函数.

函数$y=f(x)$的定义域是它的反函数$y=f^{-1}(x)$的值域；函数$y=f(x)$的值域是它的反函

数 $y=f^{-1}(x)$ 的定义域.

(2) 并不是所有函数都有反函数，只有那些属于一一映射的函数才有反函数；

(3) 因为单调函数属于一一映射，所以单调函数必有反函数，但是有反函数的函数却不一定是单调函数，如 $y=\frac{1}{x}$.

三、解题方法技巧

反函数的求法：

(1) 求函数 $y=f(x)$ 中 y 的取值范围，得其反函数中 x 的取值范围；

(2) 反解，由 $y=f(x)$，解出 $x=f^{-1}(y)$（即用 y 表示 x）；

(3) 交换 $x=f^{-1}(y)$ 中的字母 x、y，得 $f(x)$ 反函数的表达式 $y=f^{-1}(x)$；

(4) 标出 $y=f^{-1}(x)$ 中 x 的取值范围.

四、经典题型详解

题型　求函数的反函数

例 1　若函数 $f(x)=-\sqrt{x-1}\,(x\geqslant 1)$，则它的反函数是（　　）.

分析：$x\geqslant 1$，$y\leqslant 0$ 分别为反函数的值域和定义域，再解方程易知选 C.

A. $f^{-1}(x)=x^2+1\,(x\in\mathbf{R})$　　B. $f^{-1}(x)=x^2+1\,(x>0)$

C. $f^{-1}(x)=x^2+1\,(x\leqslant 0)$　　D. $f^{-1}(x)=x^2+1\,(x<0)$

答案：C

例 2　设 $f(x)=3x-1$，求 $f^{-1}(x)$.

分析：欲求 $f(x)=3x-1$ 的反函数，即从原函数式中反解出 x，再进行 x，$f(x)$ 互换，即得反函数的解析式.

解　$f(x)=3x-1$，得 $x=\frac{1+f(x)}{3}$.

将 x 与 $f(x)$ 互换，得 $f(x)=\frac{1+x}{3}\,(x\in\mathbf{R})$.

所以，函数 $f(x)=3x-1$ 的反函数是 $f^{-1}(x)=\frac{x+1}{3}\,(x\in\mathbf{R})$.

例 3　设 $y=\frac{1-x}{1+x}\,(x\neq -1)$，求 y 的反函数.

分析：欲求 $y=\frac{1-x}{1+x}\,(x\neq -1)$ 的反函数，即从原函数式中反解出 x，再进行 x，y 互换，即得反函数的解析式. 我们发现本题的反函数跟原函数都是同一个函数，所以有些函数的反函数就是它本身.

解　由 $y=\frac{1-x}{1+x}$ 得 $x=\frac{1-y}{1+y}$.

所以，函数 $y=\frac{1-x}{1+x}\,(x\neq -1)$ 的反函数是 $\frac{1-x}{1+x}\,(x\neq -1)$.

同步练习4

1. 单项选择题

（1）已知函数 $y=f(x)$ 的反函数是 $y=-\sqrt{1-x^2}$，则 $y=f(x)$ 的定义域是（　　）.

A. $(-1,0)$　　B. $(-1,1]$

C. $[-1,0]$　　D. $[0,1]$

（2）函数 $y=2^{x-1}$ 的反函数是（　　）.

A. $y=\log_2(x+1)$　　B. $y=\log_2 x-1$

C. $y=2^{x+1}$　　D. $y=\log_2 x$

（3）下列哪个函数是 $y=\frac{4+4x}{x-4}$ 的反函数？（　　）

A. $y=\frac{4+4x}{x-4}$　　B. $y=\frac{4+4x}{x-4}(x\neq 4)$

C. $y=\frac{x-1}{4+4x}$　　D. $y=\frac{x-1}{4+4x}(x\neq -1)$

（4）若 $f(x)=x^2-3$，则 $f^{-1}(1)=$（　　）.

A. 2　　B. -2　　C. ± 2　　D. 0

（5）函数的单调性是存在反函数的（　　）.

A. 充分条件　　B. 必要条件

C. 充要条件　　D. 既不充分也不必要条件

2. 填空题

（1）函数 $y=\frac{2^x}{2^x+1}$ 的反函数的定义域为________.

（2）函数 $y=\log_3(x+2)$ 的反函数为________.

（3）函数 $y=\sqrt{x+1}$ 的反函数为________.

（4）若 $f(x)=\frac{2x-5}{x+1}$，则 $f^{-1}(x)=$________.

（5）函数 $f(x)=6x-7$ 的反函数的值域为________.

3. 判断题

（1）单调函数一定存在反函数.（　　）

（2）不是单调的函数一定不存在反函数.（　　）

（3）函数 $y=f(x)$ 的图像和它的反函数 $y=f^{-1}(x)$ 的图像关于直线 $y=x$ 对称.（　　）

4. 解答题

（1）已知 $f(x)=x^2-2x+3, x\in(-\infty,0]$，求 $f^{-1}(x)$.

（2）求 $y=\frac{1}{x^2+1}(x\leqslant 0)$ 的反函数.

1.5 基本初等函数

一、知识要点

1. **常数函数** $y=C$ （C **为常数**）

定义域为$(-\infty,+\infty)$，值域为$\{C\}$，图像为过点$(0,C)$，且垂直于 y 轴的直线.

2. **幂函数** $y=x^{\alpha}$ （α **为实数**）

由幂 x^{α} 所确定的函数 $y=x^{\alpha}$ （α 为实数）称为幂函数.

3. **指数函数**

由指数式 a^x 所确定的函数 $y=a^x$(a 是常数,且 $a>0,a\neq1$)称为以 a 为底的**指数函数**.

4. **对数函数**

函数 $y=\log_a x$ （a 是常数，且 $a>0,a\neq1$）称为以 a 为底的对数函数，它的定义域是$(0,+\infty)$，对数函数 $y=\log_a x$ 与指数函数 $y=a^x$ 互为反函数.

5. **三角函数**

（1）正弦函数 $y=\sin x$.
它的定义域是$(-\infty,+\infty)$，值域是$[-1,1]$.
（2）余弦函数 $y=\cos x$.
它的定义域是$(-\infty,+\infty)$，值域是$[-1,1]$.
（3）正切函数 $y=\tan x$.
它的定义域是$\left\{x\left|x\neq k\pi\pm\frac{\pi}{2},k=0,\pm1,\pm2,\cdots\right.\right\}$，值域是$(-\infty,+\infty)$.
（4）余切函数 $y=\cot x$.
它的定义域是$\{x|x\neq k\pi,k=0,\pm1,\pm2,\cdots\}$，值域是$(-\infty,+\infty)$.
（5）正割函数 $y=\frac{1}{\cos x}=\sec x$.
它的定义域是$\left\{x\left|x\neq k\pi+\frac{\pi}{2},k=0,\pm1,\pm2,\cdots\right.\right\}$，值域是$(-\infty,-1)\cup(1,+\infty)$.
（6）余割函数 $y=\frac{1}{\sin x}=\csc x$.
它的定义域是$\{x|x\neq k\pi,k=0,\pm1,\pm2,\cdots\}$，值域是$(-\infty,-1)\cup(1,+\infty)$.

6. 反三角函数

（1）反正弦函数.

定义 函数 $y=\sin x$，$x\in\left[-\frac{\pi}{2},\frac{\pi}{2}\right]$的反函数叫作反正弦函数，记作 $y=\arcsin x$，它的定义域是［-1，1］，它的值域是$\left[-\frac{\pi}{2},\frac{\pi}{2}\right]$.

（2）反余弦函数.

定义 余弦函数 $y=\cos x$，$x\in[0,\pi]$的反函数叫作反余弦函数，记作 $y=\arccos x$，它的定义域是$[-1,1]$，它的值域是$[0,\pi]$.

（3）反正切函数.

定义 正切函数 $y=\tan x$，$x\in\left(-\frac{\pi}{2},\frac{\pi}{2}\right)$的反函数叫作反正切函数，记作 $y=\arctan x$. 它的定义域是$(-\infty,+\infty)$，它的值域是$\left(-\frac{\pi}{2},\frac{\pi}{2}\right)$.

（4）反余切函数.

定义 余切函数 $y=\cot x$，$x\in(0,\pi)$的反函数叫作反余切函数，记作 $y=\operatorname{arccot} x$. 它的定义域是$(-\infty,+\infty)$，它的值域是$(0,\pi)$.

二、重难点分析

基本初等函数的定义和图像

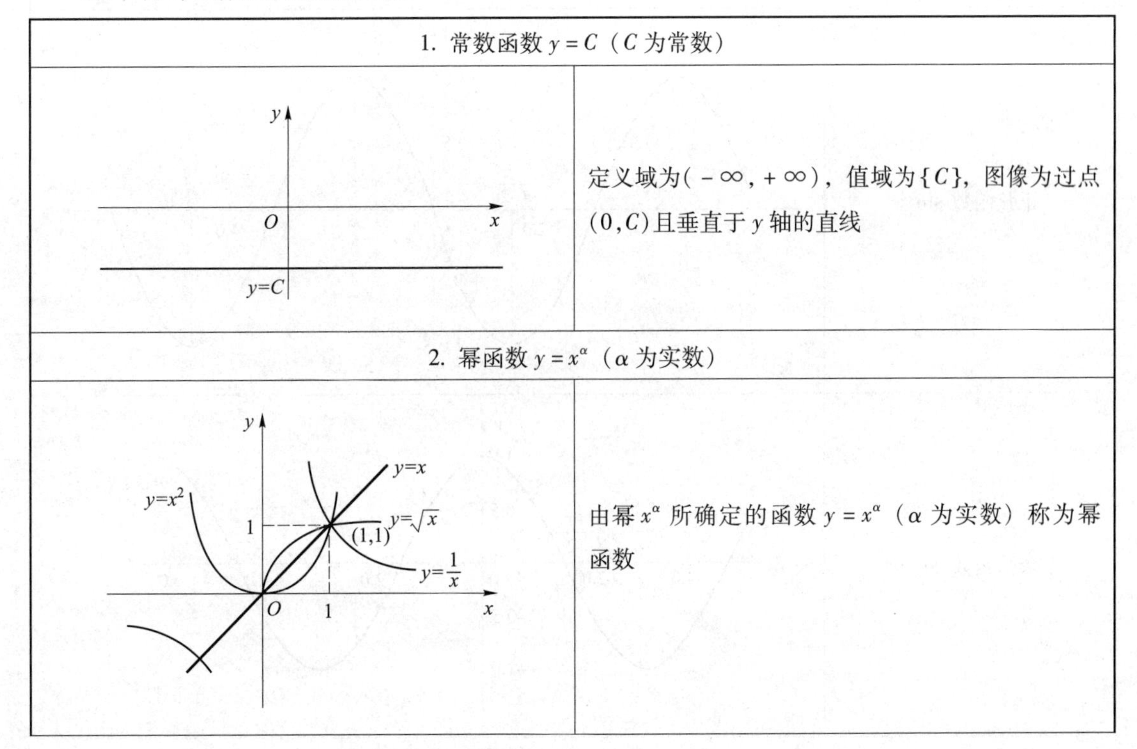

1. 常数函数 $y=C$（C 为常数）	
[图]	定义域为$(-\infty,+\infty)$，值域为$\{C\}$，图像为过点$(0,C)$且垂直于 y 轴的直线
2. 幂函数 $y=x^{\alpha}$（α 为实数）	
[图]	由幂 x^{α} 所确定的函数 $y=x^{\alpha}$（α 为实数）称为幂函数

续表

<table>
<tr><td colspan="2">3. 指数函数 $y=a^x$（$a>0,a\neq1$ 为实数）</td></tr>
<tr><td>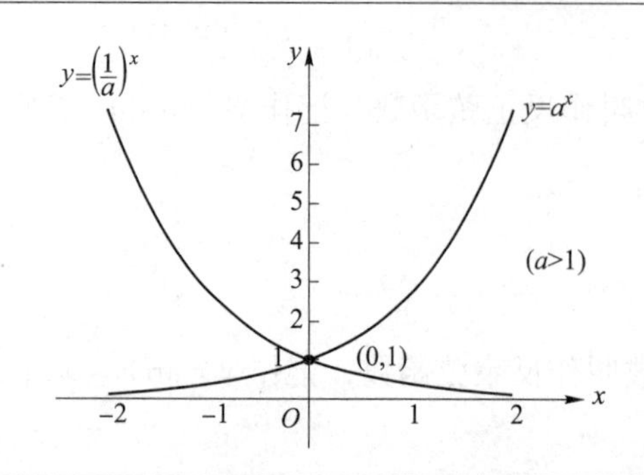
</td><td>由指数式 a^x 所确定的函数 $y=a^x$（a 是常数，且 $a>0,a\neq1$）称为以 a 为底的指数函数</td></tr>
<tr><td colspan="2">4. 对数函数 $y=\log_a x$（a 是常数，且 $a>0,a\neq1$）</td></tr>
<tr><td>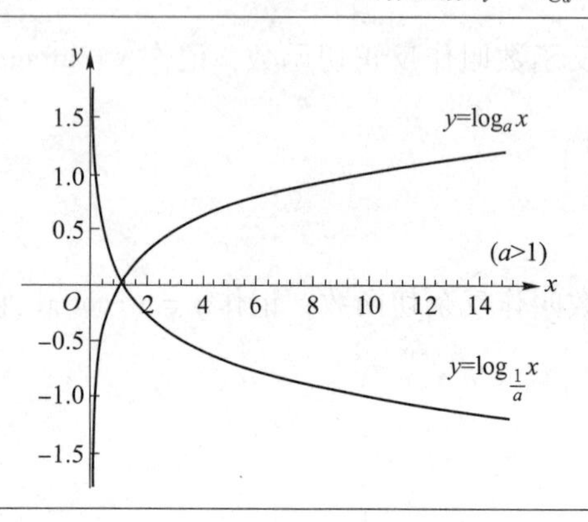
</td><td>函数 $y=\log_a x$（a 是常数，且 $a>0,a\neq1$）称为以 a 为底的对数函数，它的定义域是$(0,+\infty)$，对数函数 $y=\log_a x$ 与指数函数$y=a^x$ 互为反函数</td></tr>
<tr><td colspan="2">5. 三角函数</td></tr>
<tr><td>正弦函数 sin x</td><td>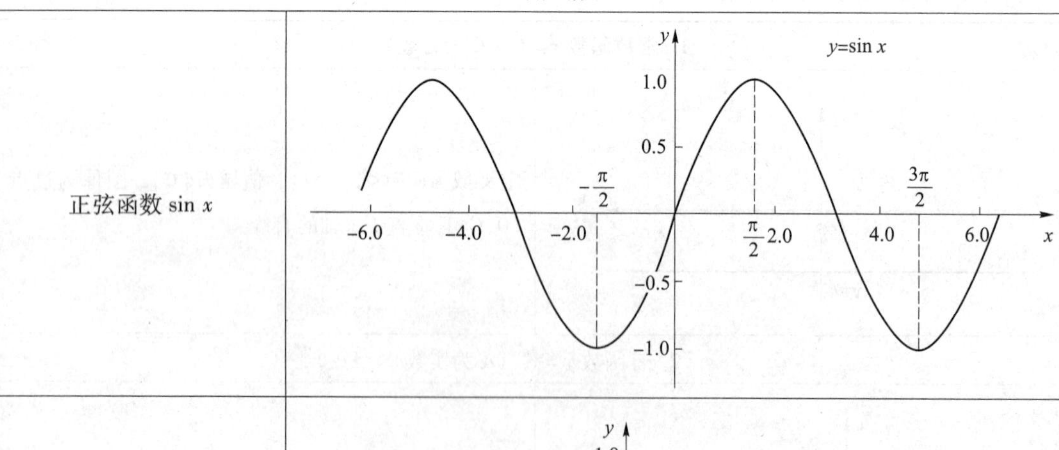
</td></tr>
<tr><td>余弦函数 cos x</td><td>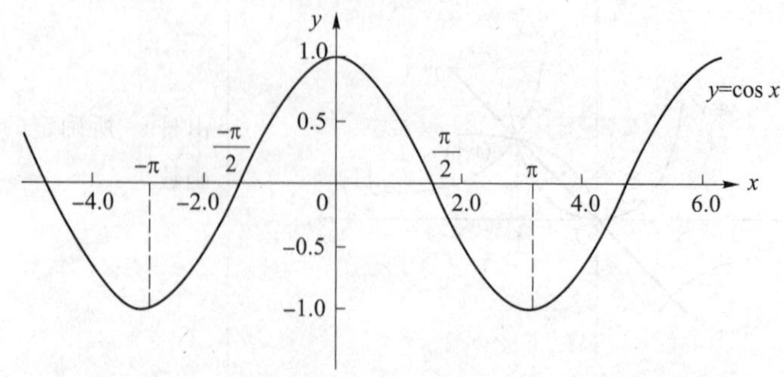
</td></tr>
</table>

续表

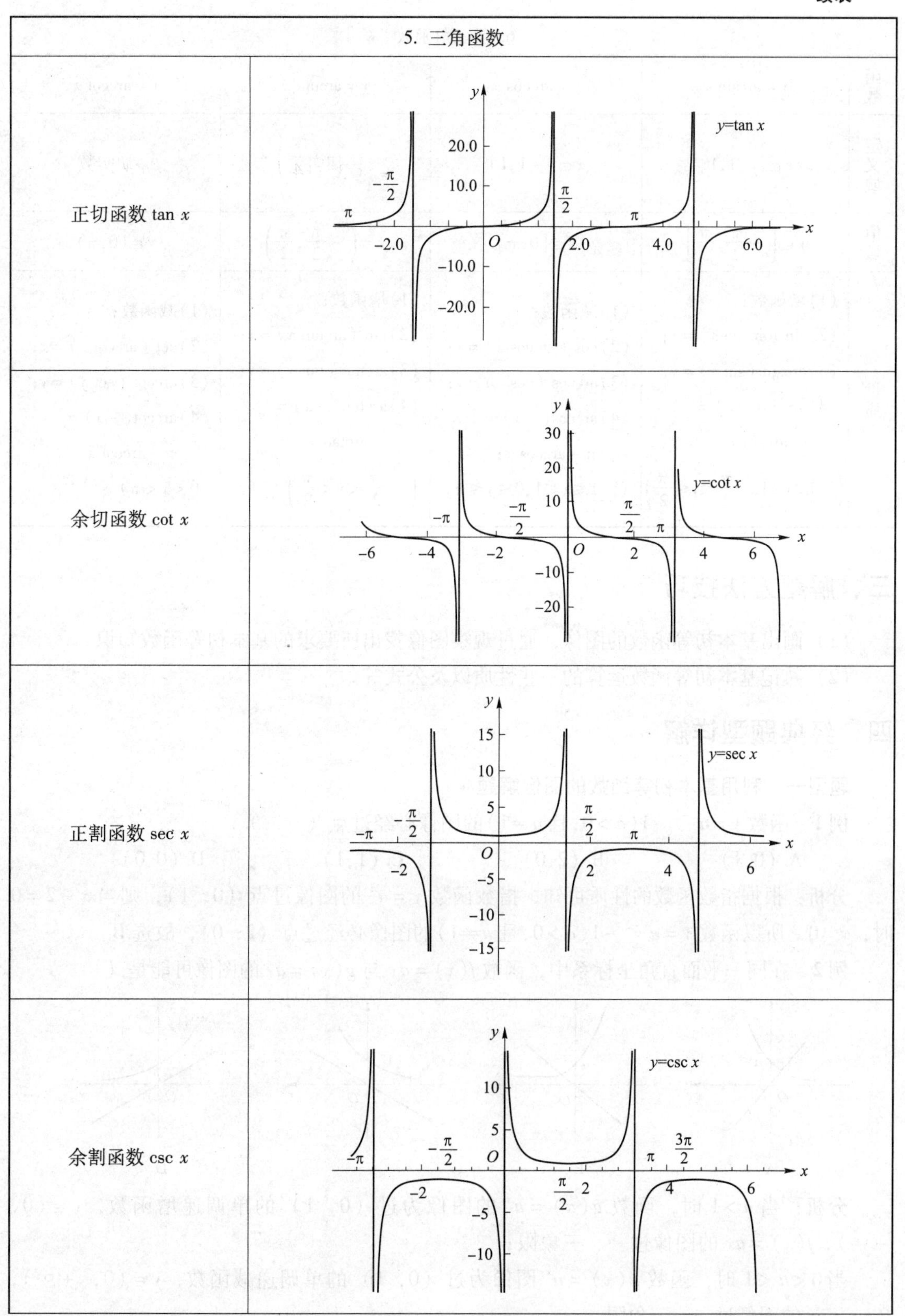
5. 三角函数
正切函数 tan x
y=tan x
余切函数 cot x
y=cot x
正割函数 sec x
y=sec x
余割函数 csc x
y=csc x

续表

6. 反三角函数				
函数	$y=\arcsin x$	$y=\arccos x$	$y=\arctan x$	$y=\operatorname{arccot} x$
定义域	$x\in[-1,1]$	$x\in[-1,1]$	一切实数	一切实数
值域	$y\in\left[-\frac{\pi}{2},\frac{\pi}{2}\right]$	$y\in[0,\pi]$	$y\in\left(-\frac{\pi}{2},\frac{\pi}{2}\right)$	$y\in(0,\pi)$
性质	(1)增函数; (2) $\sin(\arcsin x)=x$; (3) $\arcsin(\sin y)=y$; (4) $\arcsin(-x)=-\arcsin x$ $\left(-1\leqslant x\leqslant 1,-\frac{\pi}{2}\leqslant y\leqslant\frac{\pi}{2}\right)$	(1)减函数; (2) $\cos(\arccos x)=x$; (3) $\arccos(\cos y)=y$; (4) $\arccos(-x)=\pi-\arccos x$; $(-1\leqslant x\leqslant 1,0\leqslant y\leqslant\pi)$	(1)增函数; (2) $\tan(\arctan x)=x$; (3) $\arctan(\tan y)=y$; (4) $\arctan(-x)=-\arctan x$ $\left(-\frac{\pi}{2}<y<\frac{\pi}{2}\right)$	(1)减函数; (2) $\cot(\operatorname{arccot} x)=x$; (3) $\operatorname{arccot}(\cot y)=y$; (4) $\operatorname{arccot}(-x)=\pi-\operatorname{arccot} x$ $(0<y<\pi)$

三、解题方法技巧

(1) 画出基本初等函数的图像，通过观察图像找出所要求的基本初等函数知识.

(2) 熟记基本初等函数运算的一些性质以及公式等.

四、经典题型详解

题型一　利用基本初等函数的图像解题

例1　函数 $y=a^{x-2}-1(a>0,且\ a\neq 1)$ 的图像必经过点（　　）.

A. $(0,1)$　　B. $(2,0)$　　C. $(1,1)$　　D. $(0,0)$

分析：根据指数函数的性质可知，指数函数 $y=a^x$ 的图像过点（0，1），则当 $x-2=0$ 时，$y=0$，所以函数 $y=a^{x-2}-1(a>0,且\ a\neq 1)$ 的图像必经过点（2，0），故选 B.

例2　在同一平面直角坐标系中，函数 $f(x)=ax$ 与 $g(x)=a^x$ 的图像可能是（　　）.

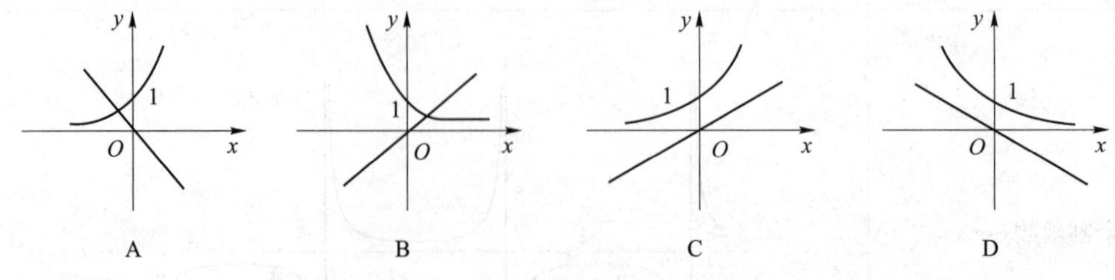

分析：当 $a>1$ 时，函数 $g(x)=a^x$ 的图像为过（0，1）的单调递增函数，$y\in(0,+\infty)$，$f(x)=ax$ 的图像过一、三象限；

当 $0<a<1$ 时，函数 $g(x)=a^x$ 图像为过（0，1）的单调递减函数，$y\in(0,+\infty)$，$f(x)=ax$ 的图像过一、三象限.

综上可知，只有 B 选项符合题意.

例3 已知$\log_a \frac{1}{3} > \log_b \frac{1}{3} > 0$，则 a、b 的关系是（　　）.

A. $1<b<a$　　B. $1<a<b$　　C. $0<a<b<1$　　D. $0<b<a<1$

分析：因为 $\log_a \frac{1}{3} > \log_b \frac{1}{3} > 0$，且 $0 < \frac{1}{3} < 1$，所以 $0<a<1$，$0<b<1$，由对数函数的图像在第一象限内从左到右底数逐渐增大知，$b<a$，所以 $0<b<a<1$，故选 D.

题型二　求基本初等函数的值

例4 已知 $\alpha \in \left(\pi, \frac{3\pi}{2}\right)$，$\tan\alpha = 2$，则 $\cos\alpha =$______.

分析：已知正切值，求余弦正弦值的问题，根据三角函数的平方关系$\sin^2\alpha + \cos^2\alpha = 1$以及 $\sin\alpha = 2\cos\alpha$，即可求得 $\cos\alpha$，但是要注意正负号问题.

解　因为 $\tan\alpha = 2$，所以$\frac{\sin\alpha}{\cos\alpha} = 2$，所以 $\sin\alpha = 2\cos\alpha$.

又$\sin^2\alpha + \cos^2\alpha = 1$，所以$(2\cos\alpha)^2 + \cos^2\alpha = 1$，所以$\cos^2\alpha = \frac{1}{5}$.

又因为 $\alpha \in \left(\pi, \frac{3\pi}{2}\right)$，所以 $\cos\alpha = -\frac{\sqrt{5}}{5}$.

例5 计算$\frac{1}{5}\left(\lg 32 + \log_4 16 + 6\lg\frac{1}{2}\right) + \frac{1}{5}\lg\frac{1}{5}$.

分析：根据对数函数的性质以及公式 $\lg\left[\frac{1}{a}\right] = -\lg a$，即可计算.

解　原式 $= \frac{1}{5}\left[\lg 32 + 2 + \lg\left(\frac{1}{2}\right)^6 + \lg\frac{1}{5}\right]$

$= \frac{1}{5}\left[2 + \lg\left(32 \cdot \frac{1}{64} \cdot \frac{1}{5}\right)\right] = \frac{1}{5}\left(2 + \lg\frac{1}{10}\right)$

$= \frac{1}{5}[2 + (-1)] = \frac{1}{5}$

同步练习5

1. 单项选择题

（1）下列函数在其定义域内，单调递增的函数是（　　）.

A. $y = -5x + 2$　　B. $y = e^{-x}$　　C. $y = \ln x + 1$　　D. $y = \arccos x$

（2）已知 $\sin x = \frac{3}{5}$，$x \in \left(0, \frac{\pi}{2}\right)$，则$(\sin x + \cos x)^2 =$（　　）.

A. $\frac{16}{25}$　　B. $\frac{8}{25}$　　C. $\frac{49}{25}$　　D. 1

（3）$y = \arccos(x^2 - 1)$的定义域为（　　）.

A. $[-\sqrt{2}, \sqrt{2}]$　　B. $[-\sqrt{2}, 0]$　　C. $[0, \sqrt{2}]$　　D. $(\sqrt{2}, +\infty)$

(4) 函数 $y=a^x$ 在 $[0,1]$ 上的最大值与最小值的和为3，则 $a=$ (　　).

A. $\frac{1}{4}$　　B. 4　　C. 2　　D. $\frac{1}{2}$

(5) 函数 $y=\left(\frac{1}{4}\right)^x$ 与 $y=4^x$ 的图像 (　　).

A. 关于 x 轴对称　　B. 关于 y 轴对称

C. 关于直线 $y=x$ 轴对称　　D. 关于原点对称

2. 填空题

(1) 当 $x\in[-1,3)$ 时，函数 $f(x)=3^x+2x$ 的值域为________.

(2) 使得对数 $\log_4(x-2)$ 有意义的 x 的取值范围为________.

(3) 已知幂函数 $y=f(x)$ 的图像经过点 $(2,\sqrt{2})$，那么这个幂函数的解析式为________.

(4) 设 $\cos\alpha=-\frac{4}{5}$，而 $\frac{\pi}{2}<\alpha<\pi$，则 $\tan\left(\alpha+\frac{\pi}{4}\right)=$________.

(5) $\sin\frac{27\pi}{6}-\cos\frac{7\pi}{4}-\tan\left(-\frac{8\pi}{3}\right)=$________.

3. 判断题

(1) 对数函数 $f(x)=\ln x$ 与指数函数 $g(x)=e^x$ 互为反函数.　(　　)

(2) 当 $x>0$ 时，有 $\log_a x^k=k\log_a x$.　(　　)

(3) 函数 $f(x)$ 与其反函数 $f^{-1}(x)$ 单调性相同.　(　　)

4. 解答题

(1) 判断函数 $f(x)=\log_a(1+x)-\log_a(1-x)$ 的奇偶性，并证明.

(2) 求函数 $y=2\arcsin(5-2x)$ 的定义域和值域.

1.6　复合函数与初等函数

一、知识要点

1. 复合函数

定义　若函数 $u=\varphi(x)$ 定义在 D_x 上，其值域为 W_φ，又若函数 $y=f(u)$ 定义在 D_u 上，且 $D_u\cap W_\varphi\neq\varnothing$，则 y 可通过变量 u 而定义在 D_x 上关于 x 的函数，这样的函数叫作 $u=\varphi(x)$ 与 $y=f(u)$ 的复合函数，记为 $y=f[\varphi(x)]$，x 是自变量，u 称为中间变量，$u=\varphi(x)$ 称为内层函数，$y=f(u)$ 称为外层函数.

2. 简单函数

简单函数一般是指基本初等函数或由不同基本初等函数经四则运算而得到的函数.

3. 复合函数的分解

把一个复合函数分成不同层次的简单函数，叫作复合函数的分解.

4. 初等函数

由基本初等函数经过有限次的四则运算或有限次的复合运算而得到，且用一个解析式表示的函数，称为初等函数.

一般而言，分段函数是非初等函数.

二、重难点分析

1. 复合函数

（1）不是任何两个函数都可以复合成一个复合函数；

（2）复合函数 $y=f[\varphi(x)]$ 的定义域是它的简单函数 $u=\varphi(x)$ 定义域的子集；

（3）复合函数可以由两个以上的函数经过复合构成，如 $y=\sqrt{\cot\frac{x}{2}}$ 是由 $y=\sqrt{u}$，$u=\cot v$，$v=\frac{x}{2}$ 复合而成的.

2. 函数是否能复合

任意函数 $y=f(u)$，$u=g(x)$ 并不一定能构成复合函数，如 $y=\sqrt{u}$ 与 $u=-e^x$ 不能构成复合函数. 函数 $y=f(u)$ 的定义域为 D_f，函数 $u=\varphi(x)$ 的值域为 $z(\varphi)$，$z(\varphi)\cap D_f$ 必须非空，否则 $y=f(u)$ 与 $u=\varphi(x)$ 并不能复合成函数.

3. 抽象函数的定义域

根据外层函数的定义域，结合中间变量的具体表达式，求出自变量取值范围.

如已知 $f(x)$ 的定义域为 $(-1,1)$，求函数 $f(x-1)$ 的定义域.

分析：因为 $f(x)$ 的定义域为 $(-1,1)$，所以 $-1<x<1$，而 $f(x-1)$ 中的 $-1<x-1<1$，即 $f(x-1)$ 的定义域为 $0<x<2$.

三、解题方法技巧

1. 求复合函数的方法

（1）代入法. 某一个函数的自变量用另一个函数的表达式来替代，这种构成复合函数的方法，称为代入法，该法适用于初等函数的复合，解题关键在于分清内外层函数.

（2）分析法. 根据外层函数定义的各区间段，结合中间变量的表达式及中间变量的定义域进行分析，从而得出复合函数的方法，该方法用于初等函数与分段函数或分段函数与分段函数的复合.

2. 复合函数的分解方法

把一个复合函数分成不同层次的简单函数，叫作复合函数的分解.

比如：函数 $y=\sqrt{\lg(x^2+1)}$ 分解的各层函数依次为 $y=\sqrt{u}=u^{\frac{1}{2}},u=\lg v,v=x^2+1$，分别为幂函数、对数函数和多项式．

四、经典题型详解

题型一　复合函数的复合与分解

例 1　下列函数是由哪些简单函数复合而成的？

（1）$y=\sin^2(x+1)$；

解　由 $y=u^2,u=\sin v,v=x+1$ 复合而成．

（2）$y=e^{\sin 2x}$.

解　由 $y=e^u,u=v^2,v=\sin x$ 复合而成．

例 2　求下列所给函数复合而成的复合函数．

（1）$y=u^3$，$u=\cos x$；

解　复合的函数为 $y=\cos^3 x$.

（2）$y=\sin u,u=e^v,v=2x$.

解　复合的函数为 $y=\sin(e^{2x})$.

题型二　复合函数的运算

例 3　设 $f(x)=2x+3,g(x)=3x-5$，求 $f[g(x)],g[f(x)]$.

分析：将 $g(x)$ 看成 $f(x)=2x+3$ 中的 x 代入化简即可．本题主要是利用代入法求函数的解析式，解题的关键是将 $g(x)$ 看成 $f(x)=2x+3$ 中的 x.

解

$$f[g(x)]=f(3x-5)=2(3x-5)+3=6x-7$$

$$g[f(x)]=g(2x+3)=3(2x+3)-5=6x+4$$

例 4　已知 $f(2x+1)=x^2-2x$，求 $f(2)$.

分析：令 $2x+1=t$，可得 $x=\frac{t-1}{2}$，再利用已知条件可得 $f(t)=\left(\frac{t-1}{2}\right)^2-(t-1)$，由此求得 $f(2)$ 的值．主要是利用换元法求函数的解析式，根据函数的解析式求函数的值．

解　令 $t=2x+1$，则 $x=\frac{t-1}{2}$.

$$f(t)=\left(\frac{t-1}{2}\right)^2-2\cdot\frac{t-1}{2}=\left(\frac{t-1}{2}\right)^2-(t-1)$$

$$f(2)=\frac{1}{4}-1=-\frac{3}{4}$$

题型三　求抽象函数的定义域

例 5　已知函数 $f(x-1)$ 的定义域为 $(-1,1)$，求 $f(x+1)$ 的定义域．

分析：利用抽象函数定义域的求法，因为 $-1<x<1$，则 $f(x-1)$ 中的 $-2<x-1<0$，那么 $f(x+1)$ 的 $-2<x+1<0$，求得 $f(x+1)$ 的定义域为 $(-3,-1)$.

解　因为 $f(x-1)$ 的定义域为 $(-1,1)$，所以 $-1<x<1$，而 $f(x-1)$ 中的 $-2<x-1<0$，即 $f(x+1)$ 中的 $-2<x+1<0$，得 $f(x+1)$ 的定义域为 $(-3,-1)$.

例 6　已知函数 $f(x+1)$ 的定义域为 $(-1,1)$，求 $f(x)$ 的定义域．

分析：利用抽象函数定义域的求法，因为$f(x+1)$的定义域为$(-1,1)$，所以$0<x+1<2$，即$f(x)$的定义域为$(0,2)$.

解 因为$f(x+1)$的定义域为$(-1,1)$，所以$0<x+1<2$，即$f(x)$的定义域为$(0,2)$.

同步练习6

1. 单项选择题

（1）已知$f(x)$的定义域是$(-1,1)$，则$f(x-1)$的定义域为（ ）.

A. $(0,2)$ B. $(0,1)$ C. $(-1,1)$ D. $(-1,0)$

（2）已知$f(x-1)$的定义域是$(-1,1)$，则$f(x)$的定义域为（ ）.

A. $(-2,0)$ B. $(-2,1)$ C. $(-1,1)$ D. $(0,2)$

（3）已知$f(x-1)$的定义域是$(-1,1)$，则$f(x+1)$的定义域为（ ）.

A. $(-3,-1)$ B. $(-1,1)$ C. $(0,3)$ D. $(-1,0)$

（4）下列函数中不能构成复合函数的是（ ）.

A. $y=\log_a u, u=-\sqrt{x^2+3}$ B. $y=\cos u, u=x^2$

C. $y=e^u, u=\cos v, v=x+1$ D. $y=\sqrt{u}, u=\sin x$

（5）已知$f(x)=\ln x$,则$f[f(e)]=$（ ）.

A. e B. 0 C. 1 D. e^{-1}

2. 填空题

（1）由$y=\cos u, u=e^v, v=\sin x$复合而成的函数是________.

（2）$y=\arccos[\log_a(x+1)]$是由________复合而成的.

（3）已知$f(x-1)=x^2-4x+1$，则$f(x)=$________.

（4）已知$f(x)=x^2$，$f\left[f\left(\frac{1}{2}\right)\right]=$________.

（5）函数$y=\sin^2\left(3x-\frac{\pi}{4}\right)$可分解为________的复合.

3. 判断题

（1）任何简单函数，都可以构成复合函数.（ ）

（2）由基本初等函数经过有限次的四则运算或有限次的复合运算而得到的函数，称为初等函数.（ ）

（3）分段函数是初等函数.（ ）

4. 解答题

（1）设$f(x)=x^4+2, g(x)=2x-1$,求$g[f(x)]$.

（2）设$f(x)=x^4+2, g(x)=2x-1$,求$f[g(x)]$.

自测题

一、单项选择题（每题3分，共30分）

1. 点 a 的 δ 邻域（$\delta>0$）是指（　　）

A. $(a-\delta,a+\delta]$　　B. $[a-\delta,a+\delta]$　　C. $(a-\delta,a+\delta)$　　D. $[a-\delta,a+\delta)$

2. 不等式 $|x+2|<3$ 的解集为（　　）.

A. $(-3,\ 3)$　　B. $(2,\ 3)$　　C. $(0,\ 3)$　　D. $(-5,\ 1)$

3. 设函数 $f(x)$ 的定义域为 $[0,\ 1]$，则 $f(x-3)$ 的定义域为（　　）.

A. $[-1,\ 1]$　　B. $[0,\ 1]$　　C. $[2,\ 3]$　　D. $[3,\ 4]$

4. 下列各对函数中，是相同函数的是（　　）.

A. $y=\ln x^2, y=2\ln x$　　B. $y=\ln\sqrt{x}, y=\frac{1}{2}\ln x$

C. $y=\cos x, y=\sqrt{1-\sin^2 x}$　　D. $y=\frac{1}{x+1}, y=\frac{x-1}{x^2-1}$

5. 若函数 $f(x)=x^3$，则 $f[f(1)]$ 的值为（　　）.

A. 3　　B. 0　　C. -1　　D. 1

6. 函数 $f(x)=\frac{1}{\ln(x-3)}+\sqrt{5-x}$ 的定义域是（　　）.

A. $(2,3)\cup(3,5]$　　B. $(3,4)\cup(4,5)$　　C. $(-3,1)$　　D. $(2,3)\cap(3,5]$

7. 下列函数中，在其定义域内是有界函数的是（　　）.

A. $f(x)=\sin x$　　B. $f(x)=\tan x$　　C. $f(x)=3^x$　　D. $f(x)=\frac{1}{x}$

8. 函数 $f(x)=\frac{1}{2}+\frac{1}{2^x-1}$（　　）.

A. 既是奇函数又是偶函数　　B. 是偶函数

C. 是奇函数　　D. 既非奇函数又非偶函数

9. 函数 $y=\frac{1-2x}{1+2x}\left(x\in\mathbf{R}, 且\ x\neq-\frac{1}{2}\right)$ 的反函数是（　　）.

A. $y=\frac{1+2x}{1-2x}\left(x\in\mathbf{R}, 且\ x\neq\frac{1}{2}\right)$　　B. $y=\frac{1-2x}{1+2x}\left(x\in\mathbf{R}, 且\ x\neq-\frac{1}{2}\right)$

C. $y=\frac{1+x}{2(1-x)}(x\in\mathbf{R}, 且\ x\neq1)$　　D. $y=\frac{1-x}{2(1+x)}(x\in\mathbf{R}, 且\ x\neq-1)$

10. 函数 $f(x)=\ln\frac{1+x}{1-x}$ 的图像关于（　　）对称.

A. $y=x$　　B. 坐标原点　　C. x 轴　　D. y 轴

二、填空题（每空3分，共24分）

1. 不等式 $0<|x-3|<\delta$（$\delta>0$）所表示的 x 的区间为________.

2. 函数 $y=e^x$ 在 $(-\infty,+\infty)$ 为单调________函数.（递减或递增）

3. 函数$f(x)=\frac{x}{1+x^2}$在定义域内是________（有界或无界）函数.

4. 设不等式$\left|x-\frac{1}{2}\right|<a$的解为$-1<x<2$，则$a=$________.

5. 由函数$y=\ln u,u=1-x^2$构成的复合函数为________，其定义域为________.

6. 设$f(x)=\begin{cases}e^x,x\leqslant 0\\ \ln x,x>0\end{cases}$，则$f[f(2)]=$________.

7. 已知$\tan\theta+\frac{1}{\tan\theta}=2$，则$\sin\theta+\cos\theta=$________.

8. 函数$f(x)=\arcsin\frac{x-1}{5}+\frac{1}{\sqrt{25-x^2}}$的定义域是________.

三、判断题（每题2分，共6分）

1. $y=\sqrt{\ln x+1}$是基本初等函数.（　）

2. $\tan x$是有界函数.（　）

3. 设$f(x)$是偶函数，则$f(x)$的图像关于x轴对称.（　）

四、计算题（每题8分，共40分）

1. 已知：$f(x)=\begin{cases}x+1,x<-1\\ \sqrt{1-x^2},-1\leqslant x\leqslant 0,\\ x-1,x>0\end{cases}$

求$f(-2),f\left(-\frac{1}{3}\right),f(6)$的值.

2. 讨论函数$f(x)=\frac{2^x+1}{2^x-1}$的奇偶性.

3. 求函数$y=\ln x+1(x>0)$的反函数.

4. 已知函数$f(x)=x^2+2ax+2,x\in[-5,5]$,求当$a=-1$时，函数的最大值和最小值.

5. 已知函数$f(x)=|x+1|-|x-2|$. 求不等式$f(x)\geqslant 1$的解集.

同步练习参考答案

同步练习1

1. D　A　B　B　A.

2. (1) $\left\{x\middle|-\frac{1}{2}<x<\frac{3}{2}\right\}$；(2) $\mathring{U}\left(3,\frac{1}{4}\right)$；(3) 0；(4) $\left\{x\middle|-\frac{1}{2}-\frac{\varepsilon}{4}<x<-\frac{1}{2}+\frac{\varepsilon}{4}\right\}$；

(5) 数轴上点a到原点O的距离.

3. ×　×　×.

4. (1) ① $\{x|-1\leqslant x<3\}$；②$\{x|x<1$或$x>1\}$.

(2) ①$(-1,3)$；②$(-2,-1)\cup(-1,0)$.

同步练习 2

1. D　C　D　B　A.

2. (1) $b \leqslant -1$；(2) $\left\{x \middle| -\frac{9}{2} < x < \frac{11}{2}\right\}$；(3) $\{x \mid x < -3 \text{ 或 } x > 2\}$；(4) $<$；

(5) $\left\{x \middle| -4 < x < \frac{2}{5}\right\}$.

3. ×　×　×.

4. (1) 原不等式等价于

$$x^2 - 3x - 1 > 3 \text{ 或 } x^2 - 3x - 1 < -3$$

即 $x^2 - 3x - 4 > 0$ 或 $x^2 - 3x + 2 < 0$

$$x < -1 \text{ 或 } x > 4 \text{ 或 } 1 < x < 2$$

(2) 当 $x < -1$ 时，原不等式等价于 $2 - x > -(x+1) - 3$，

解得不等式 $2 > -4$，即 $x < -1$ 都成立.

当 $-1 \leqslant x \leqslant 2$ 时，原不等式等价于 $2 - x > (x+1) - 3$，

解得不等式 $x < 2$，即 $-1 \leqslant x < 2$ 都成立.

当 $x > 2$ 时，原不等式等价于 $x - 2 > (x+1) - 3$，

解得不等式 $-2 > -2$，即不等式无解.

综上所述：不等式的解为 $x < 2$.

同步练习 3

1. B　B　C　C　A.

2. (1) $\{x \mid x > \sqrt{3} \text{ 或 } x < -\sqrt{3}\}$；(2) $x^2 - 4x + 4$；(3) $[-3, 0] \cup (0, 3)$；

(4) 非奇非偶；(5) 1.

3. ×　×　×.

4. (1) ①两个奇函数相乘为偶函数；

②两个偶函数相除为偶函数.

(2) $f(x) = \begin{cases} 2(2-x) + (1-x), & x \leqslant 1 \\ 2(2-x) + (x-1), & 1 < x < 2 \\ 2(x-2) + (x-1), & x \geqslant 2 \end{cases}$

$$f(x) = \begin{cases} 5 - 3x, & x \leqslant 1 \\ 3 - x, & 1 < x < 2 \\ 3x - 5, & x \geqslant 2 \end{cases}$$

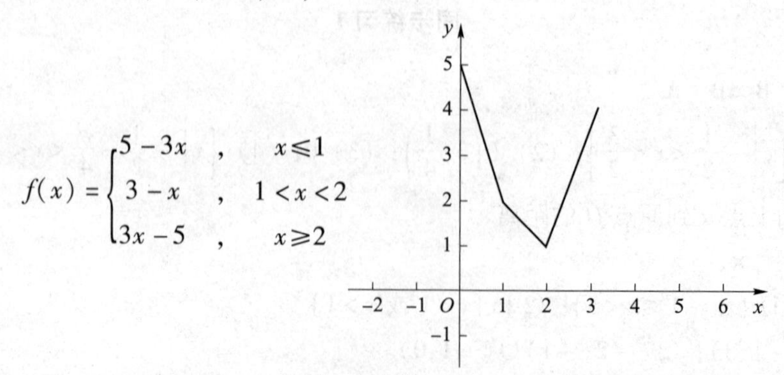

(3) 令 $g(x)=f(x)+8=x^5+ax^3+bx$,则 $g(x)$ 为奇函数,
因为 $f(-2)=10, g(-2)=10+8=18$;
所以 $g(2)=-18, f(2)=g(2)-8=-18-8=-26$.

同步练习4

1. C　A　B　C　A.

2. (1) $(0,1)$;(2) $y=3^x-2$;(3) $y=x^2-1(x\geqslant 0)$;(4) $y=\frac{x+5}{2-x}(x\neq 2)$;(5) $\mathbf{R}$.

3. √　×　√.

4. (1)　由 $x^2-2x+3-f(x)=0$,

解得　$x=\frac{2\pm\sqrt{4-4[3-f(x)]}}{2}=1\pm\sqrt{1-[3-f(x)]}$,

因为 $x\in(-\infty,0]$,

所以 $x=1-\sqrt{f(x)-2}$.

即 $f^{-1}(x)=1-\sqrt{x-2}(x\geqslant 2)$.

(2) 由 $y=\frac{1}{x^2+1}(x\leqslant 0)$,

得　$yx^2+y=1$.

解得 $x=-\sqrt{\frac{1-y}{y}}$.

即　$f^{-1}(x)=-\sqrt{\frac{1-x}{x}}(0<x\leqslant 1)$.

同步练习5

1. C　C　A　C　B.

2. (1) $\left[-\frac{5}{3},33\right)$;(2) $x>2$;(3) $f(x)=x^{\frac{1}{2}}(x\geqslant 0)$;(4) $\frac{1}{7}$;(5) $1+\frac{\sqrt{2}}{2}-\sqrt{3}$.

3. √　√　√.

4. (1) $f(x)$ 是奇函数,
因为 $f(-x)=\log_a(1-x)-\log_a(1+x)$,
而 $f(x)=\log_a(1+x)-\log_a(1-x)$,
所以 $f(-x)=-f(x)$.

(2) 由 $-1\leqslant 5-2x\leqslant 1$,得 $x\in[2,3]$, $\arcsin(5-2x)\in\left[-\frac{\pi}{2},\frac{\pi}{2}\right]$,则 $y\in[-\pi,\pi]$.

同步练习6

1. A　A　A　A　B.

2. (1) $y=\cos(\mathrm{e}^{\sin x})$;(2) $y=\arccos u, u=\log_a v, v=x+1$;(3) x^2-2x-2;(4) $\frac{1}{16}$;

（5）$y=u^2,u=\sin v,v=3x-\frac{\pi}{4}$.

3. × √ ×.

4. （1）$g[f(x)]=2(x^4+2)-1=2x^4+4-1=2x^4+3$;

（2）$f[g(x)]=(2x-1)^4+2$.

自测题参考答案

一、C D D B D B A C D B.

二、1. $(3-\delta,3)\cup(3,3+\delta)$；2. 递增；3. 有界；4. $\frac{3}{2}$；5. $y=\ln(1-x^2),x\in(-1,1)$；6. 2 ；7. $\pm\sqrt{2}$；8. $-4\leqslant x<5$.

三、× × ×.

四、1. $f(-2)=-1;f\left(-\frac{1}{3}\right)=\sqrt{1-\frac{1}{9}}=\frac{2\sqrt{2}}{3};f(6)=5$.

2. $f(-x)=\frac{2^{-x}+1}{2^{-x}-1}=\frac{1+2^x}{1-2^x}=-\frac{2^x+1}{2^x-1}=-f(x)$.

即$f(x)$为奇函数

3. 由 $\ln x=y-1$，得 $x=\mathrm{e}^{y-1}$，则 $y^{-1}=\mathrm{e}^{x-1}(x\in\mathbf{R})$.

4. 把 $a=-1$ 代入，得 $f(x)=x^2-2x+2$，$f'(x)=2x-2$，因为$f'(x)$在 $x\in(1,5]$，$f'(x)>0$，所以$f(x)=x^2-2x+2$ 在$(1,5]$单调递增，又因为$f'(x)$在 $x\in[-5,1)$,$f'(x)<0$，所以$f(x)=x^2-2x+2$ 在$[-5,1)$单调递减．即函数的最大值在 $x=-5$ 时取得，$f(-5)=25+10+2=37$. 函数最小值在 $x=1$ 时取得，$f(1)=1-2+2=1$,$f_{\min}(x)=1$,$f_{\max}(x)=37$.

5. 函数 $f(x)\geqslant1$ 等价于$|x+1|-|x-2|\geqslant1$.

当 $x<-1$ 时，原不等式等价于 $-x-1+(x-2)\geqslant1$，

解得不等式 $-3\geqslant1$，即此时不等式无解．

当 $-1\leqslant x\leqslant2$ 时，原不等式等价于 $x+1+(x-2)\geqslant1$，

解得不等式 $x\geqslant1$，即 $-1\leqslant x\leqslant2$ 都成立．

当 $x>2$ 时，原不等式等价于 $x+1-(x-2)\geqslant1$，

解得不等式 $3\geqslant1$，即 $x>2$.

综上所述：不等式的解为 $x\geqslant1$.

第2章 函数极限

一、基本要求

(1) 了解数列的概念和特性，掌握常见数列的性质、通项公式和求和公式.

(2) 理解数列极限和函数极限的描述性定义，理解函数极限存在的充要条件.

(3) 掌握极限的四则运算法则，会用复合函数的极限法则，了解函数极限存在准则.

(4) 熟练掌握两个重要极限，并会利用它们计算对应类型的极限.

(5) 了解无穷大和无穷小的概念及其相互关系.

(6) 了解无穷小的比较，理解无穷小的性质，会用等价无穷小替换定理求解极限.

二、知识网络图

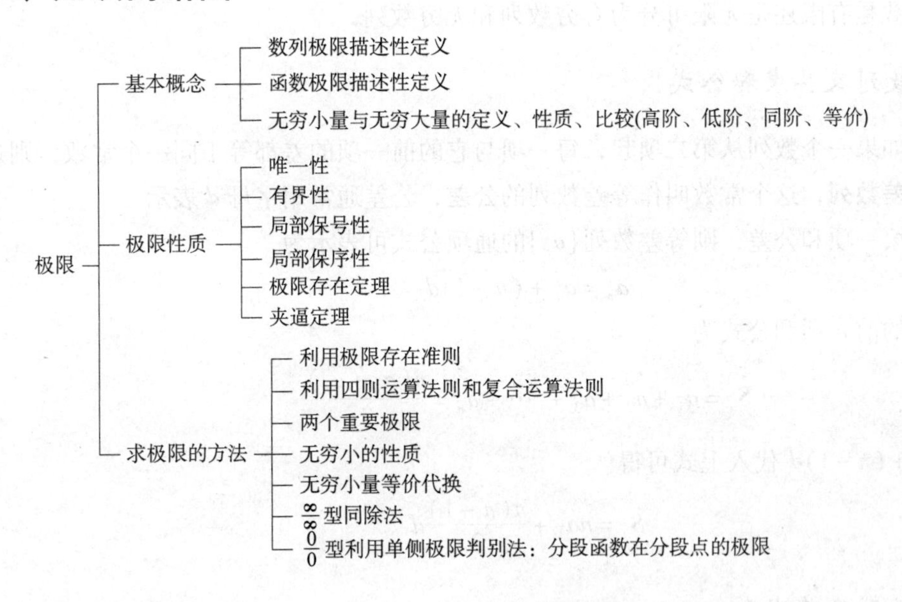

2.1 预备知识

一、知识要点

1. 数列

数列是按照一定次序排列的一列数，或者说，数列是定义在正整数集（或它的有限子集）上的函数$f(n)$，当自变量从1开始依次取自然数时，相对应的一列函数值为$f(1)$，

$f(2)$，$f(3)$，…，$f(n)$，….

通常用a_n代替$f(n)$，于是数列的一般形式记为$a_1,a_2,a_3,\cdots,a_n,\cdots$ 简记为$\{a_n\}$，其中，a_n表示数列$\{a_n\}$通项．通项可记作$a_n=f(n)(n\in\mathbf{N})$.

2. 数列的通项公式

数列就是有规律的一列数，其内涵的本质属性就是确定这一列数的规律，这个规律通常就是用通项公式 $a_n=f(n)$（$n\in\mathbf{N}^+$）来表示的．

当一个数列$\{a_n\}$的第 n 项 a_n与项数 n 之间的函数关系可以用一个公式 $a_n=f(n)$来表示时，我们就把这个公式叫作这个数列的通项公式．

3. 数列的表示方法

数列的表示方法有三种：解析法、列表法、图像法．

4. 数列的分类

（1）有穷数列、无穷数列．

数列按项数是有限还是无限可分为有穷数列和无穷数列．

5. 等差数列及其求和公式

一般地，如果一个数列从第二项起，每一项与它的前一项的差都等于同一个常数，则这个数列叫作**等差数列**，这个常数叫作等差数列的**公差**，公差通常用字母 d 表示．

如果已知第一项和公差，则等差数列$\{a_n\}$的通项公式可表示为

$$a_n=a_1+(n-1)d$$

等差数列的前 n 项和公式为

$$S_n=a_1+a_2+a_3+\cdots+a_n=\frac{n(a_1+a_n)}{2}$$

将$a_n=a_1+(n-1)d$ 代入上式可得

$$S_n=na_1+\frac{n(n-1)}{2}d$$

6. 等比数列及其求和

一般地，如果一个数列从第二项起，每一项与它前一项的比都等于同一个常数，则这个数列叫作**等比数列**，这个常数叫作等比数列的**公比**，公比通常用字母 q 表示．

等比数列$\{a_n\}$的通项公式是

$$a_n=a_1q^{n-1}$$

当 $q\neq1$ 时，等比数列$\{a_n\}$的前 n 项和

$$S_n=a_1+a_1q+a_1q^2+\cdots+a_1q^{n-1}$$

公式为

$$S_n=\frac{a_1(1-q^n)}{1-q}=\frac{a_1-a_nq}{1-q}$$

二、重难点分析

（1）数列的通项公式 $a_n=f(n)(n\in\mathbf{N}^+)$ 与数列的前 n 项和S_n是两个不同的概念，通项公式反映的是数列的每一项与它的项数 n 之间的数量规律，这种规律可以用一个公式$a_n=f(n)(n\in\mathbf{N}^+)$表示；数列的前 n 项和S_n是指从数列的第一项开始加到第 n 项即$S_n=a_1+a_2+a_3+\cdots+a_n$；

（2）本章讨论中所涉及的数列，大都直接给出数列的通项公式；而数列的前 n 项和S_n，对于等差、等比数列，利用已有公式直接求出；特定结构数列的前 n 项和S_n求法，要结合数列通项公式的结构特点，在求和过程中往往需要一定的运算技巧，从这个角度来看，求此类数列的S_n是一个难点.

三、解题方法技巧

（1）解决求数列的前 n 项和的方法通常有等差数列和等比数列的求和公式，分组求和；裂项法；倒序相加（乘）法；错位相减法；分解法；递推法.

（2）常见的恒等变形方法：因式分解、分母有理化、三角函数的三角恒等变形、拆项等.

四、经典题型详解

题型一　用公式法求数列的前 *n* 项和

例 1　已知等差数列$a_1=100,d=2$，求此数列的前 n 项和.

分析：根据等差数列前 n 项和的公式可求.

解　由$a_1=100,d=2$，根据等差数列前 n 项和公式得

$$\begin{aligned}S_n&=na_1+\frac{n(n-1)}{2}d\\&=100n+\frac{n(n-1)}{2}\times 2\\&=99n+n^2\end{aligned}$$

题型二　分组求数列前 *n* 项和

例 2　求$(x-1)+(x^2-2)+(x^3-3)+\cdots+(x^n-n)(x\neq1)$.

分析：每个括号内都是两项之差，且所有括号内的第一项组成等比数列，第二项组成等差数列，因此用分组求和法.

解　$(x-1)+(x^2-2)+(x^3-3)+\cdots+(x^n-n)=$

$(x+x^2+x^3+\cdots+x^n)-(1+2+3+\cdots+n)=\dfrac{x(1-x^n)}{1-x}-\dfrac{n(1+n)}{2}$

题型三　裂项求数列的前 *n* 项和

例 3　求数列$\dfrac{1}{1\times2},\dfrac{1}{2\times3},\dfrac{1}{3\times4},\cdots,\dfrac{1}{n\times(n+1)},\cdots$的前 n 项和.

分析：该数列既不是等差数列也不是等比数列，不能用等差或等比数列的求和公式；观察数列的通项可裂项为两项的差，即$\frac{1}{n\times(n+1)}=\frac{1}{n}-\frac{1}{n+1}$.

解 前 n 项和$s_n=\frac{1}{1\times2}+\frac{1}{2\times3}+\frac{1}{3\times4}+\cdots+\frac{1}{n\times(n+1)}$

$$=\left(\frac{1}{1}-\frac{1}{2}\right)+\left(\frac{1}{2}-\frac{1}{3}\right)+\left(\frac{1}{3}-\frac{1}{4}\right)+\cdots+\left(\frac{1}{n}-\frac{1}{n+1}\right)$$

$$=1-\frac{1}{n+1}$$

$$=\frac{n}{n+1}$$

常用的裂项技巧：$\frac{1}{n(n+k)}=\frac{1}{k}\left(\frac{1}{n}-\frac{1}{n+k}\right)$.

同步练习 1

1. 单项选择题

（1）数列$\frac{1}{2},\frac{2}{3},\frac{3}{4},\cdots,\frac{n}{n+1},\cdots$是（　　）.

A. 等差数列　　B. 等比数列　　C. 无穷数列　　D. 有穷数列

（2）下列式子中能与 $\sqrt{x+1}-1$ 等价变形的是（　　）.

A. $x-2$　　B. $x-1$　　C. $\frac{x}{\sqrt{x+1}+1}$　　D. $(\sqrt{x+1}-1)^2$

（3）代数式 $\sqrt{x+1}-2$ 的有理化因式是（　　）.

A. $\sqrt{x+1}-2$　　B. $\sqrt{x+1}+2$　　C. $x-3$　　D. $x-1$

（4）数列$\left\{\sin\frac{n\cdot\pi}{2}\right\}$的第 100 项是（　　）.

A. -1　　B. 0　　C. 1　　D. $\frac{\sqrt{2}}{2}$

（5）数列$\frac{1}{1\times2},\frac{1}{2\times3},\cdots,\frac{1}{n\times(n+1)},\cdots$的通项公式是（　　）.

A. n　　B. $\frac{1}{n\times(n+1)}$　　C. $\frac{1}{n}$　　D. $\frac{1}{n+1}$

2. 填空题

（1）数列 1，2，3，4，…，n，…的前 n 项和是________.

（2）观察数列的特点，用适当的数填空：2，4，________，8，10，12，….

（3）$\sqrt{n+3}-\sqrt{n}$ 分子有理化等于________.

（4）$(a-1)+(a^2-2)+\cdots+(a^n-n)=$________.（$a\neq0,a\neq1$）

(5) 等差数列0，$-\frac{7}{2}$，…的第$n+1$项等于________.

3. 判断题

(1) 数列是一类特殊的函数.　　(　　)

(2) 数列的通项公式和数列的前n项和公式相等.　　(　　)

(3) 等比数列的前n项和都适用公式$S_n=\frac{a_1(1-q^n)}{1-q}$.　　(　　)

4. 求下列数列的前n项和

(1) $\frac{1}{2},\frac{1}{2^2},\frac{1}{2^3},\cdots,\frac{1}{2^n},\cdots$；(2) $\frac{1}{1\times4},\frac{1}{4\times7},\cdots,\frac{1}{(3n-2)\times(3n+1)},\cdots$.

2.2　极限的概念

一、知识要点

1. 数列极限

如果对于数列$\{a_n\}$，A是一个常数，当项数n无限增大时，它的项a_n无限趋近于一个确定的常数A，则称A为当$n\to\infty$时数列$\{a_n\}$的极限，或称数列$\{a_n\}$收敛于A，记为

$$\lim_{n\to\infty}a_n=A，或a_n\to A(n\to\infty)$$

数列$\{a_n\}$称为**收敛数列**，如果$n\to\infty$，数列$\{a_n\}$不以任何固定常数为极限，则称数列$\{a_n\}$发散.

2. 函数极限

(1) 当自变量$x\to\infty$时函数$f(x)$的极限.

当自变量x的绝对值无限增大时，如果函数$f(x)$无限趋近于一个确定的常数A，则A称为函数$f(x)$当$x\to\infty$时的极限，记作

$$\lim_{x\to\infty}f(x)=A\text{ 或 }f(x)\to A(x\to\infty)$$

(2) 当自变量$x\to+\infty$时函数$f(x)$的极限.

设函数$f(x)$在$[a,+\infty)$内有定义，当x无限增大时，函数$f(x)$无限趋近于一个确定的常数A，则称函数$f(x)$当x趋近于正无穷大时以A为极限，记作

$$\lim_{x\to+\infty}f(x)=A\text{ 或 }f(x)\to A(x\to+\infty)$$

(3) 当自变量$x\to-\infty$时函数$f(x)$的极限.

设函数$f(x)$在$(-\infty,b]$内有定义，当x无限减小时，函数$f(x)$无限趋近于一个确定的常数A，则称函数$f(x)$当x趋近于负无穷大时以A为极限，记作

$$\lim_{x\to-\infty}f(x)=A\text{ 或 }f(x)\to A(x\to-\infty)$$

定理1　$\lim_{x\to\infty}f(x)=A$的充要条件是$\lim_{x\to+\infty}f(x)=\lim_{x\to-\infty}f(x)=A$.

(4) 当自变量 $x\to a$ 时函数 $f(x)$ 的极限.

设函数 $f(x)$ 在点 a 的某个去心邻域内有定义，如果在 $x\to a$ 的过程中，对应的函数 $f(x)$ 无限趋近于一个确定的常数 A，则称 A 为函数 $f(x)$ 当 $x\to a$ 时的极限，记作

$$\lim_{x\to a}f(x)=A \text{ 或 } f(x)\to A(x\to a)$$

注：定义中只要求 x 在点 a 的某个去心邻域内，所以 $x\to a$ 时，$x\neq a$.

(5) 单侧极限.

设函数 $f(x)$ 在点 a 的某个去心左（右）邻域内（即 $(a-\delta,a)$ 或 $(a,a+\delta)$）有定义，当自变量 x 从点 a 的左（右）侧无限趋近于点 a 时，如果 $f(x)$ 的值无限趋近于一个确定的常数 A，则称 A 为 $x\to a^-$（$x\to a^+$）时的左（右）极限，记为

$$\lim_{x\to a^-}f(x)=A(\lim_{x\to a^+}f(x)=A)$$

函数的左极限和右极限统称为函数的单侧极限.

定理 2 $\lim\limits_{x\to a}f(x)=A$ 的充要条件是 $\lim\limits_{x\to a^+}f(x)=\lim\limits_{x\to a^-}f(x)=A$.

(6) 无穷小量.

如果函数 $f(x)$ 当 $x\to a$（或 $x\to\infty$）时的极限为零，那么函数 $f(x)$ 称为 $x\to a$（或 $x\to\infty$）时的无穷小量，简称无穷小，记为

$$\lim_{x\to a}f(x)=0 \text{ 或 } \lim_{x\to\infty}f(x)=0$$

(7) 无穷大量.

如果函数 $f(x)$ 当 $x\to a$（或 $x\to\infty$）时，$f(x)$ 的绝对值无限增大，则称 $x\to a$（或 $x\to\infty$）时函数 $f(x)$ 是**无穷大量**，简称无穷大，记为

$$\lim_{x\to a}f(x)=\infty \text{ 或 } \lim_{x\to\infty}f(x)=\infty$$

二、重难点分析

(1) 本节给出极限概念的直观性定义，即极限是指在自变量无限接近于某定数（或无穷大）这一特定变化过程中，因变量与某一定数无限接近的这一事实. 直观性定义对于初学者结合函数图像理解和确定常见基本初等函数的极限比较直观和容易掌握.

根据极限的直观性定义，学会判断 $n\to\infty$ 时，数列的极限以及基本初等函数在自变量特定变化过程中的函数极限是否存在，为后续计算复合函数、初等函数的极限积累一定的基础.

常用的数列极限结论：

$$\lim_{n\to\infty}C=C\ (C\text{ 为常数})；\lim_{n\to\infty}q^n=0(|q|<1)；\lim_{n\to\infty}\frac{1}{n^\alpha}=0(\alpha>0)；\lim_{n\to\infty}\sqrt[n]{a}=1\ (a>0).$$

常见基本初等函数的极限：

$$\lim_{x\to\infty}\frac{1}{x}=0,\ \lim_{x\to0^-}\frac{1}{x}=-\infty,\lim_{x\to0^+}\frac{1}{x}=+\infty,\lim_{x\to0}\frac{1}{x}=\infty$$

$$\lim_{x\to-\infty}e^x=0,\lim_{x\to+\infty}e^x=+\infty,\lim_{x\to\infty}e^x\text{不存在}$$

$$\lim_{x\to0^-}e^x=1,\lim_{x\to0^+}e^x=1,\lim_{x\to0}e^x=1$$

$$\lim_{x\to 1}\ln x=0,\ \lim_{x\to 0^+}\ln x=-\infty,\ \lim_{x\to+\infty}\ln x=+\infty$$

$$\lim_{x\to 0}\sin x=0,\ \lim_{x\to\infty}\sin x \text{不存在}$$

$$\lim_{x\to 0}\cos x=1,\ \lim_{x\to\infty}\cos x \text{不存在}$$

$$\lim_{x\to 0}\tan x=0,\ \lim_{x\to\frac{\pi}{2}}\cot x=0$$

$$\lim_{x\to+\infty}\arctan x=\frac{\pi}{2},\ \lim_{x\to-\infty}\arctan x=-\frac{\pi}{2}$$

（2）对于分段函数在其分段点处的极限，一般要讨论左、右极限．但如果分段点处左、右两侧所对应的函数表达式相同，可不讨论左、右极限，而直接讨论函数在该点处的极限．

三、解题方法技巧

（1）求极限是本章的重点和难点，描述性定义用来确定数列的极限时，对于变化趋势很直观的数列是比较容易确定的．在熟记常用数列极限的基础上，要求掌握求数列极限的四则运算法则、同除法等各种求极限的方法．

（2）对于初学者而言，确定基本初等函数的极限可以结合它们的图像较为直观地得到结论，熟悉常用基本初等函数的极限，结合函数极限的运算法则等原理逐步掌握求极限的其他方法．

（3）分段函数在其分段点处的极限，若函数在分段点两边表达式相同，则直接讨论该分段点的极限；若函数在分段点的左、右两边表达式不同，则要讨论左、右极限即定理2（充要条件）．

四、经典题型详解

题型一　用极限描述性定义判断数列的敛散性

例1　判断下列数列的敛散性，收敛的同时指出该数列的极限：

(1) $1,\ \frac{1}{4},\ \frac{1}{8},\ \cdots,\ \frac{1}{n^2},\cdots$;

(2) $0,\ \frac{1}{2},\ \frac{2}{3},\ \cdots,\ \frac{n-1}{n},\cdots$;

(3) $-1,\ 1,\ -1,\ \cdots,\ (-1)^n,\cdots$.

分析：观察数列的无穷变化趋势，即随着 n 的无限增大，数列中的项 a_n 是否满足无限趋近一个确定的常数．

解　（1）观察数列的无穷变化趋势，即随着 n 的无限增大，数列中的项 $a_n=\frac{1}{n^2}$ 满足无限趋近于0，所以该数列收敛，且 $\lim\limits_{n\to\infty}\frac{1}{n^2}=0$；

（2）观察数列的无穷变化趋势，当 $n\to\infty$ 时，$\frac{1}{n}\to 0$，则有 $\frac{n-1}{n}=1-\frac{1}{n}\to 1$，所以该数

列收敛，并且有$\lim\limits_{n\to\infty}\dfrac{n-1}{n}=1$；

（3）观察数列的无穷变化趋势，即随着 n 的无限增大，数列中的项$a_n=(-1)^n$在 1 和 -1 之间来回摆动，不满足无限趋近于一个确定的常数，所以该数列发散．

题型二　判断下列函数的极限是否存在

例 2　判断下列函数的极限是否存在：

(1)当 $x\to-\infty$时，$f(x)=2^x$的极限；

(2)当 $x\to\infty$时，$f(x)=\cos x$ 的极限；

(3)当 $x\to1$ 时，$f(x)=\ln x$ 的极限；

(4)当 $x\to0$ 时，$f(x)=\sin x$ 的极限．

分析：结合基本初等函数的图像，在自变量对应的变化过程中，观察函数的变化趋势．

解　（1）虽然$f(x)=2^x$是递增函数，但 $x\to-\infty$时，指的是从右往左的运动方向，这个过程中函数$f(x)=2^x$的变化趋势无限趋近于 0，所以 $\lim\limits_{x\to-\infty}2^x=0$；

（2）根据余弦函数$f(x)=\cos x$ 的周期性易知，当 $x\to\infty$时，$\cos x$ 的函数值变化趋势是在 1 和 -1 之间周期性的变化，不满足无限趋近一个确定的常数，$\lim\limits_{x\to\infty}\cos x$ 不存在；

(3)结合对数函数 $\ln x$ 的图像，可知当 $x\to1$ 时，$f(x)=\ln x$ 的图像和 x 轴相交于点（1，0），即函数值无限趋近于 0，所以$\lim\limits_{x\to1}\ln x=0$；

(4)结合正弦函数 $\sin x$ 的图像，可知当 $x\to0$ 时，$f(x)=\sin x$ 的图像和 x 轴相交于原点，即函数值无限趋近于 0，所以$\lim\limits_{x\to0}\sin x=0$.

例 3　判断$f(x)=e^{\frac{1}{x}}$在 $x=0$ 处的极限是否存在．

分析：由于$f(x)$是复合函数，内层函数 $\dfrac{1}{x}$ 在点 0 的左、右极限分别为负无穷大和正无穷大，因而必须分别讨论复合函数$f(x)$的左、右极限．

解　易知，当 $x\to0^-$时，$\dfrac{1}{x}\to-\infty$，再结合指数函数的图像得到$e^{\frac{1}{x}}\to0$；

当 $x\to0^+$时，$\dfrac{1}{x}\to+\infty$，再结合指数函数的图像得到$e^{\frac{1}{x}}\to+\infty$；

因为左极限$\lim\limits_{x\to0^-}e^{\frac{1}{x}}=0$，右极限$\lim\limits_{x\to0^+}e^{\frac{1}{x}}$不存在，所以$\lim\limits_{x\to0}e^{\frac{1}{x}}$不存在．

同步练习 2

1. 单项选择题

（1）下列数列中收敛的数列是（　　）．

A. 2，4，6，…，$2n$,…　　B. $2,\dfrac{3}{2},\dfrac{4}{3},\cdots,\dfrac{n+1}{n},\cdots$

C. 1，-1，1，…，$(-1)^{n+1}$,…　　D. 1，3，5，…，$2n+1$,…

（2）下列极限正确的是（　　）.

A. $\lim\limits_{x\to+\infty} e^x=0$　　B. $\lim\limits_{x\to\infty} \sin x=1$　　C. $\lim\limits_{x\to+\infty} \ln x=0$　　D. $\lim\limits_{x\to-\infty} e^x=0$

（3）当 $x\to0$ 时，下列函数极限等于零的是（　　）.

A. e^x　　B. $\cos x$　　C. $\sin x$　　D. $\ln x$

（4）设 $f(x)=\begin{cases} e^x+1, x\leqslant0 \\ x^2-1, x>0 \end{cases}$；则 $\lim\limits_{x\to0}f(x)$ 等于（　　）.

A. 1　　B. 0　　C. -1　　D. 不存在

（5）若 $\lim\limits_{n\to\infty} a_n=2$，则 $\lim\limits_{n\to\infty} a_{n+1}=$（　　）.

A. 2　　B. 3　　C. $n+1$　　D. n

2. 填空题

（1）$\lim\limits_{n\to\infty}\dfrac{n-2}{n}=$________；

（2）$\lim\limits_{x\to0^-}\dfrac{|x|}{2x}=$________；

（3）当 $x\to$________时，$\dfrac{x}{x+1}$是无穷小；

（4）当 $x\to$________时，$\dfrac{x}{x+1}$是无穷大；

（5）当 $x\to2^+$ 时，函数 $f(x)=\dfrac{|x-2|}{x-2}$ 的极限等于________.

3. 判断题

（1）在自变量的同一变化过程中，无穷小的倒数是无穷大.　　（　　）

（2）数列$\left\{\dfrac{n+2}{n}\right\}$是发散数列.　　（　　）

（3）无穷小量就是零.　　（　　）

4. 计算下列极限

（1）$\lim\limits_{n\to\infty}\dfrac{n+1}{2n}$；（2）$\lim\limits_{x\to0}\dfrac{2x}{1+x^2}$.

2.3　极限的性质

一、知识要点

1. 有界数列

对于数列$\{a_n\}$，如果存在正数 M，使得一切a_n都满足不等式

$$|a_n|\leqslant M$$

则称数列$\{a_n\}$是有界的，如果这样的正数不存在，就说数列$\{a_n\}$是无界的.

2. 单调数列

在数列$\{a_n\}$中，如果对于一切n都有$a_{n+1}\geqslant a_n$，则称数列$\{a_n\}$是单调递增数列；如果对于一切n都有$a_{n+1}\leqslant a_n$，则称数列$\{a_n\}$是单调递减数列．递减、递增数列统称单调数列．

3. 数列极限的性质

唯一性 如果数列$\{a_n\}$收敛，则它的极限是唯一的．

有界性 如果数列$\{a_n\}$收敛，则数列$\{a_n\}$一定有界．

单调有界定理 单调有界的数列一定有极限．

夹逼定理 若有数列$\{a_n\}$、$\{b_n\}$、$\{c_n\}$从某一项N_0起，满足$a_n\leqslant c_n\leqslant b_n$，并且$\lim\limits_{n\to\infty}a_n=\lim\limits_{n\to\infty}b_n=A$，则有$\lim\limits_{n\to\infty}c_n=A$.

4. 函数极限的性质

唯一性 如果$\lim\limits_{x\to a}f(x)=A$，那么这个极限是唯一的．

局部有界性 如果$\lim\limits_{x\to a}f(x)=A$，那么存在常数$M>0$和$\delta>0$，使得当$0<|x-x_0|<\delta$时，有$|f(x)|<M$.

局部保号性 如果$\lim\limits_{x\to a}f(x)=A$，且$A>0$或（$A<0$），那么存在$\delta>0$，使得当$0<|x-x_0|<\delta$时，有$f(x)>0$(或$f(x)<0$).

如果$\lim\limits_{x\to a}f(x)=A$，且在点$a$的某一去心邻域内$f(x)\geqslant0$(或$f(x)\leqslant0$)，则$A\geqslant0$或（$A\leqslant0$）．

局部保序性 如果$\lim\limits_{x\to a}f(x)=A$，$\lim\limits_{x\to a}g(x)=B$，且$A>B$（或$A<B$），则存在$\delta>0$，当$0<|x-x_0|<\delta$时，有$f(x)>g(x)$(或$f(x)<g(x)$).

夹逼定理 如果函数$f(x),g(x),h(x)$在点a的某一去心邻域内有定义且满足：

(1) $g(x)\leqslant f(x)\leqslant h(x)$；

(2) $\lim\limits_{x\to a}h(x)=A$，$\lim\limits_{x\to a}g(x)=A$；

则有$\lim\limits_{x\to a}f(x)=A$.

二、重难点分析

极限的性质对于后续计算极限和相关证明有很大作用，例如单调有界定理、夹逼定理是求极限的重要方法．难点在于利用夹逼定理求极限时需要构造出两端都收敛于相同常数的序列.

三、解题方法技巧

利用夹逼定理求极限时，根据问题中的数列或函数的结构特点构造出两端收敛于相同的常数的数列或函数．

四、经典题型详解

题型　利用夹逼定理求数列极限

例1　求$\lim\limits_{n\to\infty}\left[\frac{1}{n^2}+\frac{1}{(n+1)^2}+\cdots+\frac{1}{2n^2}\right]$.

分析：n项相加中分别取最大的项和最小的项的n倍作为两端的收敛数列.

解　易知$\underbrace{\frac{1}{2n^2}+\frac{1}{2n^2}+\cdots+\frac{1}{2n^2}}_{n\text{项}}\leqslant\frac{1}{n^2}+\frac{1}{(n+1)^2}+\cdots+\frac{1}{2n^2}\leqslant\underbrace{\frac{1}{n^2}+\frac{1}{n^2}+\cdots+\frac{1}{n^2}}_{n\text{项}}$

即$\frac{n}{2n^2}\leqslant\frac{1}{n^2}+\frac{1}{(n+1)^2}+\cdots+\frac{1}{2n^2}\leqslant\frac{n}{n^2}$

又因为

$$\lim_{n\to\infty}\frac{n}{2n^2}=\lim_{n\to\infty}\frac{1}{2n}=0,\ \lim_{n\to\infty}\frac{n}{n^2}=\lim_{n\to\infty}\frac{1}{n}=0$$

所以根据夹逼定理得到

$$\lim_{n\to\infty}\left[\frac{1}{n^2}+\frac{1}{(n+1)^2}+\cdots+\frac{1}{2n^2}\right]=0$$

同步练习3

1. 单项选择题

（1）数列$\frac{1}{2},\frac{2}{3},\frac{3}{4},\cdots,\frac{n}{n+1},\cdots$是（　　）.

A. 递减数列　　B. 递增数列　　C. 无界数列　　D. 有穷数列

（2）数列$1,-\frac{1}{2},\frac{1}{3},-\frac{1}{4},\cdots,(-1)^{n+1}\frac{1}{n},\cdots$是（　　）.

A. 递减数列　　B. 递增数列　　C. 有界数列　　D. 无界数列

（3）数列$\left\{\frac{n}{n+1}\right\}$是（　　）.

A. 递减数列　　B. 发散数列　　C. 收敛数列　　D. 无界数列

（4）数列有界是数列收敛的（　　）.

A. 充分条件　　B. 必要条件　　C. 充分且必要条件　D. 无关条件

（5）单调数列是数列收敛的（　　）.

A. 充分条件　　B. 必要条件　　C. 充分且必要条件　D. 无关条件

2. 填空题

（1）单调有界数列是收敛数列的________条件.

（2）如果$\lim\limits_{x\to a}f(x)=A$，则$f(x)$在________有界.

（3）如果$\lim\limits_{x\to a}f(x)=A$，且$A>0$，则在________有$f(x)>0$.

（4）如果$\lim\limits_{x\to a}f(x)=A$，且在$a$的某一去心邻域内$f(x)\geqslant0$，则有$A$ ________0.

(5) 已知$f(x)$是有界函数，则$\lim\limits_{x\to\infty} f(x)$ ________. (是否存在)

3. 判断题

(1) 收敛数列一定是单调数列. ( )

(2) 若$\lim\limits_{x\to a}f(x)=A$，$\lim\limits_{x\to a}g(x)=A$，则$f(x)$和$g(x)$是相同的函数. ( )

(3) 若收敛数列$\{a_n\}$的每一项都满足$a_n>0$，则$\{a_n\}$的极限一定是正数. ( )

4. 计算下列极限

(1) $\lim\limits_{n\to\infty}\left(\frac{1}{\sqrt{n^2+1}}+\frac{1}{\sqrt{n^2+2}}+\cdots+\frac{1}{\sqrt{n^2+n}}\right)$； (2) $\lim\limits_{n\to\infty}\sqrt{1+\frac{1}{n^\beta}}(\beta>0)$.

2.4 极限的运算法则

一、知识要点

1. **极限的四则运算法则**

若$\lim\limits_{x\to a}f(x)=A$，$\lim\limits_{x\to a}g(x)=B$,则有

(1) $\lim\limits_{x\to a}[f(x)\pm g(x)]=\lim\limits_{x\to a}f(x)\pm\lim\limits_{x\to a}g(x)=A\pm B$;

(2) $\lim\limits_{x\to a}[f(x)\cdot g(x)]=\lim\limits_{x\to a}f(x)\cdot\lim\limits_{x\to a}g(x)=A\cdot B$;

$\lim\limits_{x\to a}[C\cdot f(x)]=C\cdot\lim\limits_{x\to a}f(x)=C\cdot A$;

(3) 当$B\neq0$时，$\lim\limits_{x\to a}\frac{f(x)}{g(x)}=\frac{A}{B}$.

四则运算法则对于函数$f(x)$、$g(x)$在$x\to\infty$等其他过程中的极限都成立，对于数列极限也有类似的结论. (1)(2) 结论可推广至有限个函数的情形.

2. **无穷小的性质**

(1) 无穷小量与有界变量之积仍是无穷小;

(2) 有限多个无穷小之积仍是无穷小;

(3) 有限多个无穷小的代数和仍是无穷小.

3. **复合函数的极限运算法则**

设函数$y=f[g(x)]$由函数$y=f(u)$与函数$u=g(x)$复合而成，若$\lim\limits_{x\to a}g(x)=u_0$, $\lim\limits_{u\to u_0}f(u)=A$,则$\lim\limits_{x\to a}f[g(x)]=f[\lim\limits_{x\to a}g(x)]$.

该定理表明函数$y=f(u)$与函数$u=g(x)$满足定理条件时，计算复合函数极限时极限符号和函数符号可以交换次序.

二、重难点分析

极限的计算是本章节的重点，通常用到以下求极限的法则和性质，即极限的四则运算法

则、无穷小的性质、复合函数求极限法则等，极限的求解由于题目类型较多，故针对不同的极限类型需采用对应的方法才可以准确而顺利地确定极限.

三、解题方法技巧

（1）运用极限的四则运算法则求极限，要注意检验是否符合公式的条件.

（2）求形如$\lim\frac{f(x)}{g(x)}$时，先判断$\frac{分子\to ?}{分母\to ?}$.

①当$\frac{分子\to 常数}{分母\to 非零常数}$时，直接运用商的运算法则；

②当$\frac{分子\to 非零常数}{分母\to 0}$时，易知$\lim\frac{g(x)}{f(x)}=0$，所以$\lim\frac{f(x)}{g(x)}=\infty$；

③当$\frac{分子\to 0}{分母\to 0}$时，可采用$\begin{cases}(含三角函数)第一个重要极限\\ 因式分解消去无穷小因子\\ (含无理式)分子或分母有理化;\\ 等价无穷小替换\\ 换元法\end{cases}$

④当$\frac{分子\to\infty}{分母\to\infty}$时，用同除法.

（3）形如“$\infty-\infty$”型的极限.

①根式相减，分子有理化，转化为$\frac{\infty}{\infty}$型未定式；

②分式相减，通分之后转化为$\frac{0}{0}$型未定式.

（4）利用无穷小量的性质求极限.

（5）求数列和（或积）的极限.

一般先求和（或积），然后求极限.

（6）分段函数在分段点的极限.

一般要讨论分段点的左、右极限是否都存在且相等.

（7）有些较复杂的函数极限，需要综合利用各种方法.

四、经典题型详解

题型一　利用无穷小量的性质求极限

例1　$\lim\limits_{x\to\infty}\frac{\cos x}{x}$.

分析：当$x\to\infty$时，分子及分母的极限都不存在，故关于极限商的运算法则不能应用.但是在$x\to\infty$过程中，$\frac{1}{x}$是无穷小量，$\cos x$是有界量，此题可用无穷小量的性质求极限.

解　因为$\lim\limits_{x\to\infty}\frac{1}{x}=0$，$|\cos x|\leqslant 1$，

所以$\lim\limits_{x\to\infty}\dfrac{\cos x}{x}=0$.

题型二　利用极限的四则运算法则求极限

例 2　计算极限$\lim\limits_{n\to\infty}\left(2+\dfrac{1}{2^n}\right)\cdot\dfrac{1}{n}$.

分析：因为 $\lim\limits_{n\to\infty}q^n=0(|q|<1)$，即 $n\to\infty$，$\dfrac{1}{2^n}\to 0$，$\lim\limits_{n\to\infty}\dfrac{1}{n}=0$，所以乘积中各因式的极限存在，符合四则运算法则条件.

解　根据极限四则运算法则，得

$$\begin{aligned}\lim_{n\to\infty}\left(2+\frac{1}{2^n}\right)\cdot\frac{1}{n}&=\lim_{n\to\infty}\left(2+\frac{1}{2^n}\right)\cdot\lim_{n\to\infty}\frac{1}{n}\\&=\left[2+\lim_{n\to\infty}\left(\frac{1}{2}\right)^n\right]\cdot\lim_{n\to\infty}\frac{1}{n}\\&=(2+0)\cdot 0=0\end{aligned}$$

例 3　计算极限 $\lim\limits_{x\to 3}\dfrac{x^2-9}{x^2-5x+3}$.

分析：分式函数求极限，首先要观察在 $x\to 3$ 时，分母极限存在且不为 0，分子极限为 0，则可用商的运算法则求极限.

解　因为分子、分母都存在极限，且分母极限不为 0，所以

$$\lim_{x\to 3}\frac{x^2-9}{x^2-5x+3}=\frac{\lim\limits_{x\to 3}(x^2-9)}{\lim\limits_{x\to 3}(x^2-5x+3)}=\frac{3^2-9}{3^2-5\times 3+3}=\frac{0}{-3}=0$$

题型三　未定式的极限

例 4　求下列函数的极限：

(1) $\lim\limits_{x\to\infty}\dfrac{2x^3-x+1}{3x^3-x^2-2x}$；(2) $\lim\limits_{x\to 2}\dfrac{x^2-x-2}{x^3-3x^2+3x-2}$；(3) $\lim\limits_{x\to 1}\dfrac{x^2-1}{\sqrt{3-x}-\sqrt{1+x}}$.

(1) 分析：当 $x\to\infty$ 时，函数极限为$\dfrac{\infty}{\infty}$型未定式，用同除法（把无穷大转化为无穷小）.

解　$\lim\limits_{x\to\infty}\dfrac{2x^3-x+1}{3x^3-x^2-2x}=\lim\limits_{x\to\infty}\dfrac{2-\dfrac{1}{x^2}+\dfrac{1}{x^3}}{3-\dfrac{1}{x}-\dfrac{2}{x^2}}=\dfrac{\lim\limits_{x\to\infty}\left(2-\dfrac{1}{x^2}+\dfrac{1}{x^3}\right)}{\lim\limits_{x\to\infty}\left(3-\dfrac{1}{x}-\dfrac{2}{x^2}\right)}=\dfrac{2}{3}$.

(2) 分析：当 $x\to 2$ 时，函数极限为$\dfrac{0}{0}$型未定式，因式分解消去无穷小因子.

解　$\lim\limits_{x\to 2}\dfrac{x^2-x-2}{x^3-3x^2+3x-2}=\lim\limits_{x\to 2}\dfrac{(x-2)(x+1)}{(x-2)(x^2-x+1)}=\lim\limits_{x\to 2}\dfrac{x+1}{x^2-x+1}=\dfrac{3}{3}=1$.

(3) 分析：当 $x\to 1$ 时，函数极限为$\dfrac{0}{0}$型未定式，先将分母有理化，然后消去无穷小因子.

解 $\lim\limits_{x\to1}\dfrac{x^2-1}{\sqrt{3-x}-\sqrt{1+x}}=\lim\limits_{x\to1}\dfrac{(x^2-1)(\sqrt{3-x}+\sqrt{1+x})}{(\sqrt{3-x}-\sqrt{1+x})(\sqrt{3-x}+\sqrt{1+x})}$

$$=\lim_{x\to1}\frac{(x+1)(x-1)(\sqrt{3-x}+\sqrt{1+x})}{2(1-x)}$$

$$=\lim_{x\to1}\frac{-(x+1)(\sqrt{3-x}+\sqrt{1+x})}{2}$$

$$=-2\sqrt{2}$$

题型四　复合函数的极限运算法则

例5　计算极限$\lim\limits_{x\to\infty}\lg\dfrac{x^2+1}{100x^2+1}$.

分析：因为内层函数和外层函数都存在极限，所以可用复合函数求极限运算法则.

解 $\lim\limits_{x\to\infty}\lg\dfrac{x^2+1}{100x^2+1}=\lg\lim\limits_{x\to\infty}\dfrac{x^2+1}{100x^2+1}=\lg\lim\limits_{x\to\infty}\dfrac{1+\frac{1}{x^2}}{100+\frac{1}{x^2}}=\lg\dfrac{1}{100}=-2.$

例6　计算极限$\lim\limits_{x\to-3}\dfrac{x}{x+3}$.

分析：虽然分子、分母的极限都存在，但分母极限为零，不能用极限商的法则，利用无穷大与无穷小的关系，先确定其倒数的极限.

解　因为$\lim\limits_{x\to-3}\dfrac{x+3}{x}=\dfrac{0}{-3}=0$，所以$\lim\limits_{x\to-3}\dfrac{x}{x+3}=\infty$.

同步练习4

1. 单项选择题

（1）若$\lim\limits_{x\to a}f(x)$和$\lim\limits_{x\to a}g(x)$均存在，则$\lim\limits_{x\to a}\dfrac{f(x)}{g(x)}$（　　）.

A. 存在　　B. 不存在　　C. 不一定存在　　D. 等于1

（2）$\lim\limits_{x\to1}\dfrac{x^2-x-2}{x^2+1}$等于（　　）.

A. 1　　B. 0　　C. −1　　D. 不存在

（3）$\lim\limits_{x\to0}\ln\cos x$等于（　　）.

A. −1　　B. 0　　C. 2　　D. 不存在

（4）$\lim\limits_{n\to\infty}\left(1-\dfrac{1}{2^n}\right)$等于（　　）.

A. 0　　B. 1　　C. 2　　D. 不存在

（5）$\lim\limits_{x\to+\infty}\dfrac{\arctan x}{x}$等于（　　）.

A. 1　　B. 0　　C. −1　　D. 不存在

2. 填空题

（1）$\lim\limits_{n\to\infty}\dfrac{3n}{3n+1}=$______.

（2）$\lim\limits_{x\to1}\dfrac{x^2-1}{x-1}=$______.

（3）$\lim\limits_{x\to+\infty}\dfrac{2^x+1}{3^x-1}=$______.

（4）$\lim\limits_{x\to2}\dfrac{x-2}{\sqrt{x-1}-1}=$______.

（5）$\lim\limits_{x\to\infty}\dfrac{2x^2+1}{3x^2+2x^2-1}=$______.

3. 判断题

（1）两个无穷小量的和、差、积、商的结果还是无穷小量.（ ）

（2）无穷小量与任一变量的乘积仍是无穷小量.（ ）

（3）有限个无穷小量的和、差仍是无穷小量.（ ）

4. 计算下列极限

（1）$\lim\limits_{x\to1}\left(\dfrac{1}{1-x}-\dfrac{3}{1-x^3}\right)$；（2）$\lim\limits_{n\to\infty}\left[\dfrac{1}{1\times2}+\dfrac{1}{2\times3}+\cdots+\dfrac{1}{(n-1)\cdot n}\right]$.

2.5 两个重要极限

一、知识要点

1. 第一个重要极限$\lim\limits_{x\to0}\dfrac{\sin x}{x}=1$

推广形式 $\lim\limits_{x\to a}\dfrac{\sin\varphi(x)}{\varphi(x)}=1$（$x\to a$ 时，$\varphi(x)\to0$）

2. 第二个重要极限$\lim\limits_{x\to\infty}\left(1+\dfrac{1}{x}\right)^x=\mathrm{e}$

推广形式 $\lim\limits_{\text{某个变化过程}}(1+\text{无穷小})^{\text{无穷小的倒数}}=\mathrm{e}$

二、重难点分析

（1）第一个重要极限及其推广形式，主要适用于计算含三角函数并且是$\dfrac{0}{0}$型的未定式极限.

（2）第二个重要极限及其推广形式，主要适用于计算某些幂指函数的极限.

三、解题方法技巧

（1）第一个重要极限及其推广形式的极限等于 1，一方面属于$\frac{0}{0}$型；另一方面在结构上分母 $\varphi(x)$ 和 $\sin\varphi(x)$ 中的 $\varphi(x)$ 相同．应用时，$\frac{0}{0}$型比较好判断，关键在于将分母等价转换成 $\sin\varphi(x)$ 中 $\varphi(x)$ 的式子．

（2）第二个重要极限及其推广形式的极限等于无理数 e，本质上它们都属于幂指函数的类型(1^{∞}型)；另外，结构上底数的形式是“1 + 无穷小”，指数的形式是无穷小的倒数．应用时，通常将底数分离出“1 + 无穷小”的形式，指数部分等价变形为该无穷小的倒数．

四、经典题型详解

题型　利用两个重要极限求函数极限

例 1　求下列函数极限：

（1）$\lim\limits_{x\to 0}\frac{\sin x^2}{\tan^2 x}$；（2）$\lim\limits_{x\to\infty}(x-1)\sin\frac{1}{x-1}$.

（1）**分析**：属于$\frac{0}{0}$型且含有三角函数，通常利用三角公式变形，将所求极限向 $\lim\limits_{x\to a}\frac{\sin\varphi(x)}{\varphi(x)}$ 的形式转换，从而求出极限．

解
$$\lim_{x\to 0}\frac{\sin x^2}{\tan^2 x}=\lim_{x\to 0}\left(\cos^2 x\cdot\frac{\sin x^2}{\sin^2 x}\right)=\lim_{x\to 0}\left(\cos^2 x\cdot\frac{\sin x^2}{x^2}\cdot\frac{x^2}{\sin^2 x}\right)$$
$$=\lim_{x\to 0}\cos^2 x\cdot\lim_{x\to 0}\frac{\sin x^2}{x^2}\cdot\lim_{x\to 0}\frac{1}{\left(\frac{\sin x}{x}\right)^2}=1\cdot 1\cdot 1=1.$$

（2）**分析**：$x\to\infty$ 时，$x-1\to\infty$，$\frac{1}{x-1}\to 0$，可将 $x-1$ 倒写到分母，向 $\lim\limits_{x\to a}\frac{\sin\varphi(x)}{\varphi(x)}$ 的形式转换，从而求出极限．

解
$$\lim_{x\to\infty}(x-1)\sin\frac{1}{x-1}=\lim_{x\to\infty}\frac{\sin\frac{1}{x-1}}{\frac{1}{x-1}}=1.$$

例 2　求下列函数极限：

（1）$\lim\limits_{x\to\infty}\left(\frac{x-2}{x-3}\right)^x$；（2）$\lim\limits_{x\to\frac{\pi}{2}}(1+\cos x)^{3\sec x}$.

分析：（1）、（2）都属于1^{∞}型的未定式，利用第二个重要极限求解，通常将底数分离“1 + 无穷小”的形式，并将极限向 $\lim\limits_{x\to 0}(1+x)^{\frac{1}{x}}$ 或 $\lim\limits_{x\to\infty}\left(1+\frac{1}{x}\right)^x$ 的形式转化．

（1）解 $\lim\limits_{x\to\infty}\left(\dfrac{x-2}{x-3}\right)^x=\lim\limits_{x\to\infty}\left(\dfrac{1-\dfrac{2}{x}}{1-\dfrac{3}{x}}\right)^x=\lim\limits_{x\to\infty}\dfrac{\left(1-\dfrac{2}{x}\right)^x}{\left(1-\dfrac{3}{x}\right)^x}=\lim\limits_{x\to\infty}\dfrac{\left[\left(1+\dfrac{-2}{x}\right)^{\frac{x}{-2}}\right]^{-2}}{\left[\left(1+\dfrac{-3}{x}\right)^{\frac{x}{-3}}\right]^{-3}}=\dfrac{e^{-2}}{e^{-3}}=e$；

（2）解 $\lim\limits_{x\to\frac{\pi}{2}}(1+\cos x)^{3\sec x}=\lim\limits_{x\to\frac{\pi}{2}}\left[(1+\cos x)^{\frac{1}{\cos x}}\right]^3=\left[\lim\limits_{x\to\frac{\pi}{2}}(1+\cos x)^{\frac{1}{\cos x}}\right]^3=e^3$.

同步练习 5

1. 单项选择题

（1）下列结论正确的是（　　）.

A. $\lim\limits_{x\to 0}\dfrac{\sin x}{x}=0$　　B. $\lim\limits_{x\to\infty}\dfrac{\sin x}{x}=0$　　C. $\lim\limits_{x\to\infty}\dfrac{\sin x}{x}=1$　　D. $\lim\limits_{x\to 1}\dfrac{\sin x}{x}=1$

（2）$\lim\limits_{x\to 0}\dfrac{\sin 3x}{x}$ 等于（　　）.

A. 1　　B. 0　　C. $\dfrac{1}{3}$　　D. 3

（3）下列极限等于 e 的是（　　）.

A. $\lim\limits_{x\to\infty}(1+x)^{\frac{1}{x}}$　　B. $\lim\limits_{x\to\infty}(1+x)^x$　　C. $\lim\limits_{x\to 0}\left(1+\dfrac{1}{x}\right)^x$　　D. $\lim\limits_{x\to\infty}\left(1+\dfrac{1}{x}\right)^x$

（4）$\lim\limits_{x\to\infty}\left(1-\dfrac{1}{x}\right)^x$ 等于（　　）.

A. 0　　B. e　　C. e^{-1}　　D. 不存在

（5）$\lim\limits_{x\to\infty}\left(1+\dfrac{1}{x}\right)^{2+x}$ 等于（　　）.

A. e　　B. e^2　　C. e^3　　D. 1

2. 填空题

（1）$\lim\limits_{x\to\infty}\left(1+\dfrac{1}{3x}\right)^{2x}=$ ______.

（2）$\lim\limits_{x\to\frac{\pi}{2}}(1+\cot x)^{2\tan x}=$ ______.

（3）$\lim\limits_{x\to 1}\dfrac{\sin(x^2-1)}{x-1}=$ ______.

（4）$\lim\limits_{x\to\infty}\left(\dfrac{1}{x}\cdot\sin x+x\cdot\sin\dfrac{1}{x}\right)=$ ______.

（5）$\lim\limits_{x\to\frac{\pi}{2}}\dfrac{\cos x}{\dfrac{\pi}{2}-x}=$ ______.

3. 判断题

（1）$\lim\limits_{x\to 1}\dfrac{\sin x}{x}=1$.　　（　　）

(2) $\lim\limits_{x\to0}\left(1+\dfrac{1}{x}\right)^{x}=e.$ ( )

(3) $\lim\limits_{x\to\infty}x\cdot\sin\dfrac{1}{x}=1.$ ( )

4. 计算下列极限

(1) $\lim\limits_{x\to0}\dfrac{x-\sin x}{x+\sin x}$；(2) $\lim\limits_{x\to+\infty}\left(\dfrac{x}{1+x}\right)^{2x}$.

2.6 无穷小量的比较

一、知识要点

1. 无穷小的阶

设 $f(x)$、$g(x)$ 是在同一个极限过程中的无穷小，$g(x)\neq0$，若有极限

(1) $\lim\limits_{x\to a}\dfrac{f(x)}{g(x)}=0$，则称当 $x\to a$ 时 $f(x)$ 是比 $g(x)$ 高阶的无穷小，记作 $f(x)=o(g(x))$（读作“小欧”）；

(2) $\lim\limits_{x\to a}\dfrac{f(x)}{g(x)}=\infty$，则称当 $x\to a$ 时 $f(x)$ 是比 $g(x)$ 低阶的无穷小；

(3) $\lim\limits_{x\to a}\dfrac{f(x)}{g(x)}=C\neq0$，则称当 $x\to a$ 时 $f(x)$ 与 $g(x)$ 是同阶的无穷小；

(4) $\lim\limits_{x\to a}\dfrac{f(x)}{g(x)}=1$，则称当 $x\to a$ 时 $f(x)$ 与 $g(x)$ 是等价的无穷小，记作 $f(x)\sim g(x)(x\to a)$.

对于 $x\to\infty$，$x\to+\infty$，$x\to-\infty$，$x\to a^{+}$，$x\to a^{-}$，$n\to\infty$ 的情形，上述定义仍然适用.

2. 无穷小的等价替换

设函数 $f(x)$、$g(x)$、$h(x)$、$f_1(x)$、$g_1(x)$ 在点 a 的某个去心邻域内有定义，$f(x)\sim g(x)$，$f_1(x)\sim g_1(x)(x\to a)$，且极限 $\lim\limits_{x\to a}\dfrac{g(x)}{g_1(x)}$ 存在，则

(1) $\lim\limits_{x\to a}\dfrac{f(x)}{f_1(x)}=\lim\limits_{x\to a}\dfrac{g(x)}{g_1(x)}$；

(2) 若 $\lim\limits_{x\to a}f(x)\cdot h(x)=A$，则 $\lim\limits_{x\to a}g(x)\cdot h(x)=A$；

(3) 若 $\lim\limits_{x\to a}\dfrac{h(x)}{f(x)}=A$，则 $\lim\limits_{x\to a}\dfrac{h(x)}{g(x)}=A$.

3. 常用的等价无穷小

当 $x\to0$ 时

$$\sin x\sim x,\tan x\sim x,\arcsin x\sim x,\arctan x\sim x$$

$$\ln(1+x)\sim x,e^{x}-1\sim x,1-\cos x\sim\frac{x^{2}}{2},\sqrt[n]{1+x}-1\sim\frac{1}{n}x$$

二、重难点分析

（1）为了便于比较无穷小量收敛于零的快慢，通过两个无穷小量商的极限不同，分别给出了高阶、低阶、同阶和等价无穷小．要求会比较两个无穷小的阶，特别是等价无穷小．

（2）无穷小的等价替换是求极限的一种高效的方法．

三、解题方法技巧

无穷小的等价替换可以简化极限的计算，要求熟练掌握常用的等价无穷小．注意等价替换在乘除运算时可以使用，在加减运算时尽量不要使用．

四、经典题型详解

题型一　比较无穷小量的阶

例 1　当 $x\to0$ 时，将下列无穷小量与无穷小量 x 进行比较．

（1）$f(x)=x^3+x^2\sin\dfrac{1}{x^3}$；（2）$f(x)=\sqrt{1+x}-\sqrt{1-x}$．

分析：（1）、（2）两个函数都是当 $x\to0$ 时的无穷小，通过计算它们分别与 x 作商的运算的极限，确定它们与 x 的阶．

（1）**解**　当 $x\to0$ 时，$x^3+x^2\sin\dfrac{1}{x^3}\to0$，且

$$\lim_{x\to0}\frac{x^3+x^2\sin\frac{1}{x^3}}{x}=\lim_{x\to0}\left(x^2+x\sin\frac{1}{x^3}\right)=\lim_{x\to0}x^2+\lim_{x\to0}x\sin\frac{1}{x^3}=0$$

所以当 $x\to0$ 时，$f(x)=x^3+x^2\sin\dfrac{1}{x^3}$ 是 x 的高阶无穷小．

（2）**解**　当 $x\to0$ 时，$\sqrt{1+x}-\sqrt{1-x}\to0$，且

$$\begin{aligned}\lim_{x\to0}\frac{\sqrt{1+x}-\sqrt{1-x}}{x}&=\lim_{x\to0}\frac{(\sqrt{1+x}-\sqrt{1-x})(\sqrt{1+x}+\sqrt{1-x})}{x(\sqrt{1+x}+\sqrt{1-x})}\\&=\lim_{x\to0}\frac{2x}{x(\sqrt{1+x}+\sqrt{1-x})}\\&=\lim_{x\to0}\frac{2}{(\sqrt{1+x}+\sqrt{1-x})}\\&=1\end{aligned}$$

所以当 $x\to0$ 时，$\sqrt{1+x}-\sqrt{1-x}\sim x$．

题型二　无穷小的等价替换求极限

例 2　求极限 $\lim\limits_{x\to0}\dfrac{1-\cos 2x}{\sin^2 3x}$．

解　因为当 $x\to0$ 时，$1-\cos 2x\sim\dfrac{1}{2}(2x)^2=2x^2$，$\sin 3x\sim3x$

所以$\lim\limits_{x\to 0}\frac{1-\cos 2x}{\sin^2 3x}=\lim\limits_{x\to 0}\frac{2x^2}{(3x)^2}=\lim\limits_{x\to 0}\frac{2x^2}{9x^2}=\frac{2}{9}$.

例3　求极限$\lim\limits_{x\to 0}\frac{\tan x-\sin x}{x^3}$.

分析：无穷小的等价在乘除法中可以替换，在加减法中不能随意替换，若一开始就使用等价替换，就会产生如下错误：$\lim\limits_{x\to 0}\frac{\tan x-\sin x}{x^3}=\lim\limits_{x\to 0}\frac{x-x}{x^3}=0$，此题可按如下解答．

解　$\lim\limits_{x\to 0}\frac{\tan x-\sin x}{x^3}=\lim\limits_{x\to 0}\frac{\tan x(1-\cos x)}{x^3}$

$$=\lim_{x\to 0}\frac{x\cdot\frac{1}{2}x^2}{x^3}\left(x\to 0\text{ 时 }\tan x\sim x, 1-\cos x\sim\frac{1}{2}x^2\right)$$

$$=\frac{1}{2}$$

同步练习6

1. 单项选择题

（1）当$x\to 0$时，下列函数中比无穷小量x高阶的无穷小是（　　）．

A. $\sin x$　　B. $\tan x$　　C. x^2　　D. $\cos x$

（2）当$x\to 0$时，与$\sin x$相比是等价无穷小的是（　　）．

A. $x^2(x+1)$　　B. $\ln(x+1)$　　C. $\ln(x^2+1)$　　D. $1-\cos x$

（3）若$\lim\limits_{x\to\infty}\frac{f(x)}{g(x)}=1$，则（　　）．

A. $f(x)\sim g(x)$　　B. $f(x)=g(x)$

C. 当$x\to 0$时，$f(x)\sim g(x)$　　D. 不确定

（4）$\lim\limits_{x\to 0}\frac{e^x-1}{5x}$等于（　　）．

A. 0　　B. 5　　C. $\frac{1}{5}$　　D. 不存在

（5）$\lim\limits_{x\to 0}\frac{\sqrt{1+x}-1}{\sin x}$等于（　　）．

A. 1　　B. 2　　C. $\frac{1}{2}$　　D. 0

2. 填空题

（1）$\lim\limits_{x\to 0}\frac{1-\cos x}{\ln(1+2x)}=$______；

（2）$\lim\limits_{x\to 0}\frac{\arctan x}{\sin 4x}=$______；

（3）若 $x \to 0$，$\sin 5x \sim e^{ax}-1$，则 a 的值等于______；

（4）$\lim\limits_{x\to\infty} x\cdot[\ln(1+x)-\ln x]=$______；

（5）当 $x\to$________时，x^2+2x+1 是比 $x+1$ 更高阶的无穷小．

3. 判断题

（1）若 $\lim\limits_{x\to\infty}\dfrac{f(x)}{g(x)}=1$，则 $f(x)\sim g(x)$．（　　）

（2）任意两个无穷小量收敛的快慢都是可以比较的．（　　）

（3）两个无穷小量的商还是无穷小量．（　　）

4. 计算下列极限

（1）$\lim\limits_{x\to 0}\dfrac{e^{ax}-e^{bx}}{x}$；（2）$\lim\limits_{x\to 0}\dfrac{\sec x-1}{\dfrac{x^2}{2}}$.

自测题

一、单项选择题（每题 3 分，共 30 分）

1. 代数式 $\sqrt{x-1}+4$ 的有理化因式是（　　）．

A. $\sqrt{x+1}-4$　　B. $x-4$　　C. $\sqrt{x-1}-4$　　D. $x+4$

2. 下列数列中收敛的数列是（　　）．

A. 3，6，9，…，$3n$，…　　B. $\dfrac{1}{2}$，$\dfrac{1}{4}$，$\dfrac{1}{6}$，…，$\dfrac{1}{2n}$，…

C. -1，1，-1，…，$(-1)^n$，…　　D. 1，3，5，…，$2n+1$，…

3. 下列极限正确的是（　　）．

A. $\lim\limits_{x\to+\infty} e^x=0$　　B. $\lim\limits_{x\to\infty}\cos x=1$　　C. $\lim\limits_{x\to+\infty}\ln x=0$　　D. $\lim\limits_{x\to-\infty}\dfrac{1}{x}=0$

4. 下列极限错误的是（　　）．

A. $\lim\limits_{n\to\infty} q^n=0$　　B. $\lim\limits_{n\to\infty}\dfrac{1}{3n}=0$　　C. $\lim\limits_{n\to\infty}\sqrt[n]{2}=1$　　D. $\lim\limits_{n\to\infty}\sqrt[n]{n}=1$

5. 设 $f(x)=\begin{cases}x^3+1, x\leqslant 0\\ 3^x, x>0\end{cases}$，则 $\lim\limits_{x\to 0}f(x)$ 等于（　　）．

A. 不存在　　B. 0　　C. 3　　D. 1

6. 下列结论正确的是（　　）．

A. $\lim\limits_{x\to\infty}\left(\dfrac{1}{3}\right)^x=0$　　B. $\lim\limits_{x\to-\infty}2^x=0$　　C. $\lim\limits_{x\to-\infty}\left(\dfrac{1}{2}\right)^x=0$　　D. $\lim\limits_{x\to+\infty}10^x=0$

7. 若 $\lim\limits_{x\to x_0^-}f(x)=A$，$\lim\limits_{x\to x_0^+}f(x)=A$，则下面说法正确的是（　　）．

A. $f(x_0)=A$　　B. $f(x)$ 在 $x=x_0$ 处有定义

C. $\lim\limits_{x\to x_0}f(x)=A$　　D. 上面说法都正确

8. 当 $x\to 0$ 时，下列函数为无穷小量的是（　　）.

A. $\frac{1}{x}$　　B. $1-\cos x$　　C. $2x-4$　　D. $\sqrt{1-x}$

9. 下列各式正确的是（　　）.

A. $\lim\limits_{x\to 0}\frac{\sin x}{x}=0$　　B. $\lim\limits_{x\to\infty}\frac{\sin x}{x}=1$　　C. $\lim\limits_{x\to 0}\frac{\sin x}{x}=1$　　D. $\lim\limits_{x\to\infty}\frac{x}{\sin x}=0$

10. 下列等式正确的是（　　）.

A. $\lim\limits_{x\to\infty}\left(1+\frac{1}{x}\right)^{x}=\mathrm{e}$　　B. $\lim\limits_{x\to 0^+}\left(1+\frac{1}{x}\right)^{x}=\mathrm{e}$

C. $\lim\limits_{x\to\infty}\left(1+\frac{1}{x}\right)^{-x}=-1$　　D. $\lim\limits_{x\to\infty}\left(1-\frac{1}{x}\right)^{x}=1$

二、填空题（每空 3 分，共 24 分）

1. $\left(\frac{1}{n^2}+\frac{2}{n}\right)=$________;

2. $\lim\limits_{x\to-\infty}(1-2^x)=$________;

3. $\lim\limits_{x\to 0}\frac{\sin 5x}{kx}=10$，则 $k=$________;

4. 设函数 $f(x)=\begin{cases}ax+b, x>0\\0, x=0\\1+\mathrm{e}^x x<0\end{cases}$，若 $\lim\limits_{x\to 0}f(x)$ 存在，则 $b=$________;

5. $\lim\limits_{x\to\infty}1.2^x=$________;

6. $\lim\limits_{x\to\infty}\frac{3x^3+2}{2x^3+x}=$________;

7. $\lim\limits_{x\to 3^-}\sqrt{9-x^2}=$________;

8. $\lim\limits_{x\to 0}\sin 3x\cdot\sin\frac{1}{x}=$________.

三、判断题（每题 2 分，共 6 分）

1. $x\to\infty$ 时，$\arcsin x\sim x$.　（　　）

2. $\lim\limits_{x\to 1}\sin(\ln x)=\sin(\lim\limits_{x\to 1}\ln x)=\sin(\ln 1)=0$.　（　　）

3. 若数列 $\{a_n\}$ 收敛，则它不一定有界.　（　　）

四、计算题（每题 8 分，共 40 分）

1. 计算极限 $\lim\limits_{x\to 2}\frac{x-2}{\sqrt{x-1}-1}$;

2. 计算极限 $\lim\limits_{x\to 0}\frac{x^3}{\sin^3\left(\frac{x}{2}\right)}$;

3. 计算极限 $\lim\limits_{x\to 0}\frac{\sqrt{1+x^2}-1}{2-2\cos x}$;

4. 计算极限$\lim\limits_{x\to\infty}\left(\dfrac{x}{x-2}\right)^{3x}$；

5. 计算极限$\lim\limits_{n\to\infty}\left(\dfrac{1}{1\times2}+\dfrac{1}{2\times3}+\dfrac{1}{3\times4}+\cdots+\dfrac{1}{n(n+1)}\right)$.

同步练习参考答案

同步练习1

1. C　C　B　B　B.

2. （1）$\dfrac{n(n+1)}{2}$；（2）6；（3）$\dfrac{3}{\sqrt{n+3}+\sqrt{n}}$；（4）$\dfrac{a(1-a^n)}{1-a}-\dfrac{n(n+1)}{2}$；（5）$-\dfrac{7}{2}(n-1)$.

3. √　×　×.

4. （1）$S_n=\dfrac{\frac{1}{2}\left[1-\left(\frac{1}{2}\right)^n\right]}{1-\frac{1}{2}}=1-\left(\dfrac{1}{2}\right)^n$；

（2）$S_n=\dfrac{1}{3}\left[\left(1-\dfrac{1}{4}\right)+\left(\dfrac{1}{4}-\dfrac{1}{7}\right)+\cdots+\left(\dfrac{1}{3n-2}-\dfrac{1}{3n+1}\right)\right]=\dfrac{1}{3}\left(1-\dfrac{1}{3n+1}\right)$.

同步练习2

1. B　D　C　D　A.

2. （1）1；（2）$-\dfrac{1}{2}$；（3）0；（4）-1；（5）1.

3. ×　×　×.

4. （1）$\lim\limits_{n\to\infty}\dfrac{n+1}{2n}=\lim\limits_{n\to\infty}\left(\dfrac{1}{2}+\dfrac{1}{2n}\right)=\lim\limits_{n\to\infty}\left(\dfrac{1}{2}+\dfrac{1}{2n}\right)=\dfrac{1}{2}$；

（2）$\lim\limits_{x\to0}\dfrac{2x}{1+x^2}=\dfrac{2\times0}{1+0^2}=0$.

同步练习3

1. B　C　C　B　D.

2. （1）充分；（2）点a的某个空心邻域；（3）点a的某个空心邻域；（4）≥；（5）不一定.

3. ×　×　×.

4. （1）因为$\dfrac{n}{\sqrt{n^2+n}}\leqslant\dfrac{1}{\sqrt{n^2+1}}+\dfrac{1}{\sqrt{n^2+2}}+\cdots+\dfrac{1}{\sqrt{n^2+n}}\leqslant\dfrac{n}{\sqrt{n^2+1}}$；

且 $\lim\limits_{n\to\infty}\dfrac{n}{\sqrt{n^2+n}}=\lim\limits_{n\to\infty}\dfrac{1}{\sqrt{1+\dfrac{1}{n}}}=1$；$\lim\limits_{n\to\infty}\dfrac{n}{\sqrt{n^2+1}}=\lim\limits_{n\to\infty}\dfrac{1}{\sqrt{1+\dfrac{1}{n^2}}}=1$，

所以 $\lim\limits_{n\to\infty}\left(\dfrac{1}{\sqrt{n^2+1}}+\dfrac{1}{\sqrt{n^2+2}}+\cdots+\dfrac{1}{\sqrt{n^2+n}}\right)=1.$

（2）当 $\beta>0$ 时，$1<\sqrt{1+\dfrac{1}{n^\beta}}<1+\dfrac{1}{n^\beta}$；

且 $\lim\limits_{n\to\infty}\left(1+\dfrac{1}{n^\beta}\right)=1$，所以 $\lim\limits_{n\to\infty}\sqrt{1+\dfrac{1}{n^\beta}}=1.$

同步练习4

1. C　B　B　B　B.

2. （1）1；（2）2；（3）0；（4）2；（5）$\dfrac{2}{3}$.

3. ×　×　√.

4. （1）$\lim\limits_{x\to1}\left(\dfrac{1}{1-x}-\dfrac{3}{1-x^3}\right)=\lim\limits_{x\to1}\dfrac{x^2+x-2}{(1-x)(1+x+x^2)}=\lim\limits_{x\to1}\dfrac{(x+2)(x-1)}{(1-x)(1+x+x^2)}=$

$-\lim\limits_{x\to1}\dfrac{x+2}{1+x+x^2}=-1$；

（2）$\lim\limits_{n\to\infty}\left[\dfrac{1}{1\times2}+\dfrac{1}{2\times3}+\cdots+\dfrac{1}{(n-1)n}\right]=\lim\limits_{n\to\infty}\left[\left(1-\dfrac{1}{2}\right)+\left(\dfrac{1}{2}-\dfrac{1}{3}\right)+\cdots+\left(\dfrac{1}{n-1}-\dfrac{1}{n}\right)\right]=$

$\lim\limits_{n\to\infty}\left(1-\dfrac{1}{n}\right)=1.$

同步练习5

1. A　D　D　C　A.

2. （1）$e^{\frac{2}{3}}$；（2）e^2；（3）2；（4）1；（5）1.

3. ×　×　√.

4. （1）$\lim\limits_{x\to0}\dfrac{x-\sin x}{x+\sin x}=\lim\limits_{x\to0}\dfrac{1-\dfrac{\sin x}{x}}{1+\dfrac{\sin x}{x}}=\dfrac{\lim\limits_{x\to0}\left(1-\dfrac{\sin x}{x}\right)}{\lim\limits_{x\to0}\left(1+\dfrac{\sin x}{x}\right)}=\dfrac{1-1}{1+1}=0$；

（2）$\lim\limits_{x\to+\infty}\left(\dfrac{x}{1+x}\right)^{2x}=\lim\limits_{x\to+\infty}\dfrac{1}{\left(1+\dfrac{1}{x}\right)^{2x}}=\lim\limits_{x\to+\infty}\dfrac{1}{\left[\left(1+\dfrac{1}{x}\right)^x\right]^2}=\dfrac{1}{e^2}.$

同步练习6

1. C　B　B　C　C.

2. （1）0；（2）$\dfrac{1}{4}$；（3）5；（4）1；（5）-1.

3. ×　×　×.

4. (1) $\lim\limits_{x\to0}\dfrac{e^{ax}-e^{bx}}{x}=\lim\limits_{x\to0}\dfrac{e^{bx}(e^{ax-bx}-1)}{x}=\lim\limits_{x\to0}\dfrac{e^{bx}(a-b)x}{x}=\lim\limits_{x\to0}e^{bx}(a-b)=a-b$;

(2) $\lim\limits_{x\to0}\dfrac{\sec x-1}{\frac{x^2}{2}}=\lim\limits_{x\to0}\dfrac{\frac{1-\cos x}{\cos x}}{\frac{x^2}{2}}=\lim\limits_{x\to0}\dfrac{\frac{\frac{x^2}{2}}{\cos x}}{\frac{x^2}{2}}=\lim\limits_{x\to0}\dfrac{1}{\cos x}=1$.

自测题参考答案

一、C　B　D　A　D　B　C　B　C　A.

二、1. 0.　2. 1.　3. $\dfrac{1}{2}$.　4. 2.　5. 不存在.　6. $\dfrac{3}{2}$.　7. 0.　8. 0.

三、×　√　×.

四、1. 2.　2. 8.

3. $\dfrac{1}{2}$.（提示：分子、分母同时进行无穷小的等价替换）

4. e^6.（提示：$\left(\dfrac{x}{x-2}\right)^{3x}=\left(1-\dfrac{2}{x}\right)^{-3x}$，利用第二个重要极限）

5. 1. 提示：$S_n=\left[\left(1-\dfrac{1}{2}\right)+\left(\dfrac{1}{2}-\dfrac{1}{3}\right)+\cdots+\left(\dfrac{1}{n}-\dfrac{1}{n+1}\right)\right]=1-\dfrac{1}{n+1}$.

第3章 连续函数

一、基本要求

(1) 理解连续（含左连续和右连续）与间断的概念，熟练掌握函数在一点处连续的判断.

(2) 熟练求出函数的间断点并判别其类型.

(3) 掌握连续函数的性质（运算规律）及其应用.

(4) 掌握初等函数的连续性及其应用.

(5) 掌握闭区间上连续函数的性质，会用根的存在定理分析方程根的存在性.

二、知识网络图

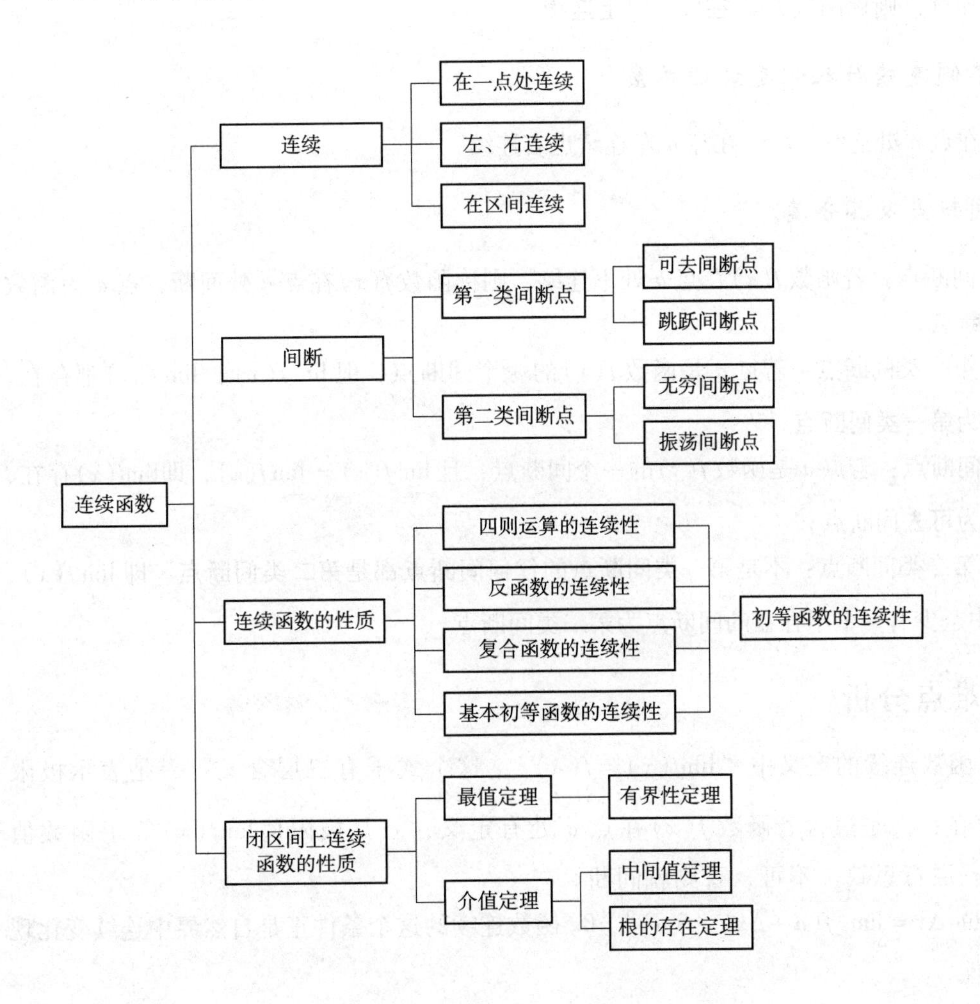

3.1 连续与间断

一、知识要点

1. 函数连续性定义

(1) 在一点处连续：若在点 a 处有 $\lim\limits_{x\to a}f(x)=f(a)$ 或 $\lim\limits_{\Delta x\to 0}\Delta y=0$，则称函数 $f(x)$ **在点 a 处连续**，并称点 a 为函数 $f(x)$ 的**连续点**.

(2) 左（右）连续：若有 $\lim\limits_{x\to a^-}f(x)=f(a)$ （或 $\lim\limits_{x\to a^+}f(x)=f(a)$），则称函数 $f(x)$ **在点 a 处左（右）连续**.

(3) 在开区间连续：若函数 $f(x)$ 在 (a,b) 内的每一点均连续，则称函数 $f(x)$ **在 (a,b) 内连续**.

(4) 在闭区间连续：若函数 $f(x)$ 在 (a,b) 内连续，又在左端点 a 处右连续，在右端点 b 处左连续，则称函数 $f(x)$ **在 $[a,b]$ 上连续**.

2. 单侧连续与双侧连续的关系

$f(x)$ 在点 a 处连续 $\Leftrightarrow f(x)$ 在点 a 左连续也右连续.

3. 间断点及其分类

(1) 间断点：若函数 $f(x)$ 在点 a 处不连续，则称函数 $f(x)$ **在点 a 处间断**，点 a 为函数 $f(x)$ 的**间断点**.

(2) 第一类间断点：若点 a 是函数 $f(x)$ 的一个间断点，但 $\lim\limits_{x\to a^-}f(x)$、$\lim\limits_{x\to a^+}f(x)$ 都存在，则称点 a 为**第一类间断点**.

可去间断点：若点 a 是函数 $f(x)$ 的一个间断点，且 $\lim\limits_{x\to a^-}f(x)=\lim\limits_{x\to a^+}f(x)$，即 $\lim\limits_{x\to a}f(x)$ 存在，则称点 a 为**可去间断点**.

(3) 第二类间断点：不是第一类间断点的任何间断点都是**第二类间断点**，即 $\lim\limits_{x\to a^-}f(x)$、$\lim\limits_{x\to a^+}f(x)$ 中至少有一个不存在的间断点为第二类间断点.

二、重难点分析

(1) 函数连续的定义中"$\lim\limits_{x\to a}f(x)=f(a)$"，这个式子有三层含义：一是表示极限 $\lim\limits_{x\to a}f(x)$ 存在；二是蕴含着函数 $f(x)$ 在点 a 处有定义；三是极限值 $\lim\limits_{x\to a}f(x)$ 等于函数值 $f(a)$. 这三层意思缺一不可，否则就间断.

(2) $\lim\limits_{\Delta x\to 0}\Delta y=\lim\limits_{\Delta x\to 0}[f(a+\Delta x)-f(a)]=0$. 函数连续的这个条件正是自然界中连续变化现象的普遍性.

(3) 函数的连续是一个局部性概念．若函数$f(x)$在点a处连续，则一定存在a的某个邻域，使$f(x)$在该邻域内点点连续．然而，如果函数$f(x)$在点a的邻域内没有定义，那么也就谈不上$f(x)$在点a处的连续性．因为要求$\lim\limits_{x\to a}f(x)$存在，必须先要求$f(x)$在点a的某邻域内有定义．

(4) 判别间断点的类型时，主要讨论该点的左、右极限．**第一类间断点的特点**是函数在该点的左、右极限都存在，**第二类间断点的特点**是在该点至少有一侧极限不存在(包含$\infty, +\infty, -\infty$)．

第一类间断点又分作两种：一种是左、右极限相等，即函数在该点存在极限，但$f(a)$不存在（函数在点a无定义），或存在$f(a)$但与$\lim\limits_{x\to a}f(x)$不相等（极限值$\neq$函数值），称这种间断点为**可去间断点**；之所以把这种间断点称为“可去的”间断点，那是因为在这种情况下仅需补充或调整函数在该点a处的值，即补充定义或改变函数$f(x)$在点a处的值，使之等于$\lim\limits_{x\to a}f(x)$就可使函数在该点处连续，因而把间断的点去掉了．另一种是左、右极限都存在但不相等，当x经过点a时，函数从一个有限值跳到另一个有限值，这种间断点被称为**跳跃间断点**．

三、解题方法技巧

1. *判断函数在一点处连续的方法*

(1) 利用函数在一点处连续定义的等价条件，即$\lim\limits_{x\to a^-}f(x)=\lim\limits_{x\to a^+}f(x)=f(a)$来判断．此法一般用于判断分段函数在分段点处的连续性．

(2) 利用“初等函数在其定义域的定义区间内连续”的结论来判断（下一节）．此法一般用于判断初等函数属于定义区间的点或分段函数在有定义的非分段点处的连续性．

(3) 利用函数连续定义法来判断，一般多适用于抽象函数．

2. *寻找间断点的方法*

函数的间断是以否定其连续来定义的．由函数连续的定义$\lim\limits_{x\to a}f(x)=f(a)$可知，间断点应在以下三种点中寻找：

(1) $f(x)$无定义的点（但在其左、右附近有定义）．

(2) $f(x)$虽有定义，但无极限的点．

(3) $f(x)$虽有定义，也有极限，但极限值$\neq$函数值的点．

3. *判别间断点类型的方法*

若a为$f(x)$的间断点，其类型由$\lim\limits_{x\to a^-}f(x)$、$\lim\limits_{x\to a^+}f(x)$或$\lim\limits_{x\to a}f(x)$的状态决定．

(1) 在点a处，若左、右极限均存在，则a为第一类间断点，否则为第二类间断点．

(2) 若$\lim\limits_{x\to a}f(x)=c$（常数），则$a$为可去间断点．

（3）若$\lim\limits_{x\to a^-}f(x)$与$\lim\limits_{x\to a^+}f(x)$均存在但不相等，则 a 为跳跃间断点．

（4）若$\lim\limits_{x\to a^-}f(x)$、$\lim\limits_{x\to a^+}f(x)$至少有一个为$\infty$，则 a 为无穷间断点．

（5）若$\lim\limits_{x\to a}f(x)$不存在的起因是$f(x)$的无限次振荡，则 a 为振荡间断点．

可去间断点与跳跃间断点为第一类间断点，无穷间断点和振荡间断点属于第二类间断点.

4. 求函数间断点并判定其类型的步骤

（1）找出间断点 x_1，x_2，$\cdots$，x_k；

（2）对每一个间断点 x_i，求$\lim\limits_{x_i\to a^-}f(x)$、$\lim\limits_{x_i\to a^+}f(x)$或$\lim\limits_{x_i\to a}f(x)$；

（3）根据$\lim\limits_{x_i\to a^-}f(x)$、$\lim\limits_{x_i\to a^+}f(x)$或$\lim\limits_{x_i\to a}f(x)$的状态来判定每一个间断点 x_i 的类型．

5. 利用函数连续定义证明函数 $f(x)$ 在 (a, b) 内连续的方法

函数$f(x)$在开区间(a, b)内连续是指$f(x)$在(a, b)内的每一点都连续. 为此，利用函数连续定义证明某一个函数$f(x)$在开区间(a, b)内连续的方法通常是:

（1）先在开区间(a, b)内任意取定一点 x;

（2）利用函数在一点处连续的定义证明$f(x)$在点 x 处连续;

（3）强调点 x 在(a, b)内的任意性，就证得$f(x)$在(a, b)内连续．

此方法把证明函数在开区间内连续转化成函数在该区间内任意一点 x 处连续的证明．

四、经典题型详解

题型一　讨论函数的连续性

例 1　a 取何值时，函数

$$f(x)=\begin{cases}x+a, & x\leqslant 0\\ \dfrac{1-\cos x}{x^2}, & x>0\end{cases}$$

在$(-\infty, +\infty)$内为连续函数?

分析: $f(x)$是分段函数，而且每一段上都是初等函数形式，它们在各自定义区间连续，因此要使$f(x)$在$(-\infty, +\infty)$内连续，只需讨论$f(x)$在分段点 $x=0$ 处连续，本题必须分左、右极限讨论，因为 $x=0$ 处的左、右两侧表达式不同．

解　因为函数$f(x)$在$(-\infty, 0)$与$(0, +\infty)$内是初等函数形式，所以在这两个区间内是连续的．要使$f(x)$在$(-\infty, +\infty)$内连续，只要适当地选取 a 的值，使得$f(x)$在 $x=0$ 处连续．因为

$$\lim_{x\to 0^-}f(x)=\lim_{x\to 0^-}(x+a)=a$$

$$\lim_{x\to 0^+}f(x)=\lim_{x\to 0^+}\frac{1-\cos x}{x^2}=\lim_{x\to 0^+}\frac{\frac{1}{2}x^2}{x^2}=\frac{1}{2}\qquad（注意：当 x\to 0^+ 时，1-\cos x\sim\frac{1}{2}x^2）$$

所以，当 $a=\frac{1}{2}$ 时，$\lim\limits_{x\to 0}f(x)=\frac{1}{2}=f(0)$，$f(x)$ 在 $x=0$ 处连续，从而 $f(x)$ 在 $(-\infty,+\infty)$ 内连续．

注：由于初等函数在其定义区间内总是连续的，因此对于初等函数的连续性没有什么可讨论的，这里关于函数连续性的讨论，主要指非初等函数而言的，一般又指分段函数，而讨论分段函数的连续性主要归结为讨论在分段点处的连续性．这是因为在分段区间上分段函数一般都用初等函数表示，由初等函数在其有定义的区间都是连续的可知：分段函数在非分段点处总是连续的．

例 2 设 $f(x)=\lim\limits_{n\to\infty}\frac{\ln(e^n+x^n)}{n}\ (x>0)$，函数 $f(x)$ 在定义域内是否连续？

分析：$f(x)$ 是用极限式来定义的函数．为讨论 $f(x)$ 的连续性，应先求出极限．极限式中的变量是 n，在求极限的过程中 x 不变化，但随着 x 的取值不同，极限值也不同，因此要先求出用 x 表示的函数 $f(x)$，一般为分段函数．为求出这个分段函数，观察出分段点是关键，其标准是能求出极限式中的极限．本题中注意到当 $n\to\infty$ 时，若 $|x|<|e|$，则 $\left(\frac{x}{e}\right)^n\to 0$；若 $|x|>|e|$，则 $\left(\frac{e}{x}\right)^n\to 0$，故若以 $\left|\frac{x}{e}\right|=1$，即 $|x|=|e|$ 为分段点，可以求出题设极限式的极限．

解 当 $0<x<e$ 时，$f(x)=\lim\limits_{n\to\infty}\dfrac{\ln e^n+\ln\left[1+\left(\frac{x}{e}\right)^n\right]}{n}=1+\lim\limits_{n\to\infty}\dfrac{\left(\frac{x}{e}\right)^n}{n}=1$；

当 $x>e$ 时，$f(x)=\lim\limits_{n\to\infty}\dfrac{\ln x^n+\ln\left[1+\left(\frac{e}{x}\right)^n\right]}{n}=\ln x+\lim\limits_{n\to\infty}\dfrac{\left(\frac{e}{x}\right)^n}{n}=\ln x$；

当 $x=e$ 时，$f(e)=\lim\limits_{n\to\infty}\dfrac{\ln 2+n}{n}=1$，

所以 $f(x)=\begin{cases}1,0<x\leqslant e\\ \ln x,x>e\end{cases}$.

显然 $f(x)$ 的定义域为 $(0,+\infty)$.

由 $\lim\limits_{x\to e^-}f(x)=\lim\limits_{x\to e^+}f(x)=f(e)=1$，知 $f(x)$ 在 $x=e$ 处连续；又当 $0<x<e$ 时，$f(x)=1$ 连续；当 $x>e$ 时，$f(x)=\ln x$ 连续．故 $f(x)$ 在 $(0,+\infty)$ 内连续．

注：以 x 为参变量，以自变量 n 的无限变化趋势（即 $n\to\infty$）为极限所定义的函数 $f(x)$，即

$$f(x)=\lim_{n\to\infty}g(x,n)$$

称为**极限函数**．参变量是该函数的自变量．参变量取不同值时，其极限值将不同．极限函数，一般是分段函数，而参变量划分区间的分界点，正是分段函数的分段点．讨论极限函数连续性，应先求出极限函数 $f(x)$，然后再讨论 $f(x)$ 的连续性．求极限函数一般流程：(1) 根据所给极限式确定极限函数参变量的分界点，即分段函数的分段点；(2) 根据参变量的不同取值范围求极限，便可得到极限函数．其中，确定划分区间的分界点即分段函数的

分段点是关键，划分区间的标准是能求出极限式中的极限.

题型二　讨论函数的间断点类型

例 3　指出下列函数的间断点，并说明间断点属于哪一类.

(1)$f(x)=\dfrac{x-1}{x^2+x-2}$;(2)$f(x)=\begin{cases}x-1,x\leqslant 1\\3-x,x>1\end{cases}$.

分析：对于初等函数来说，一般找出它没有定义的点（通常仅考虑位于定义域的定义区间边界的点）或定义域中的孤立点即为间断点；对分段函数，一般按照函数在一点处连续的定义来判定分段点是否为间断点，然后由左、右极限的状态或$\lim\limits_{x\to a}f(x)$的状态来判别间断点的类型.

解　(1) 因为$f(x)=\dfrac{x-1}{(x+2)(x-1)}$是初等函数，其定义域为$(-\infty,-2)\cup(-2,1)\cup(1,+\infty)$，所以$f(x)$在上述三个区间内连续. 当$x=-2$或$x=1$时，函数$f(x)$无定义，所以$f(x)$的间断点为$x=-2$和$x=1$.

由$\lim\limits_{x\to-2}\dfrac{x-1}{x^2+x-2}=\lim\limits_{x\to-2}\dfrac{1}{x+2}=\infty$知，$x=-2$是第二类间断点.

由$\lim\limits_{x\to1}\dfrac{x-1}{x^2+x-2}=\lim\limits_{x\to1}\dfrac{1}{x+2}=\dfrac{1}{3}$得，$x=1$是第一类间断点（可去间断点）.

(2) 显然，函数$f(x)$在$(-\infty,1)\cup(1,+\infty)$内连续，考察$f(x)$在$x=1$处的连续性. 因为

$$\lim_{x\to1^-}f(x)=\lim_{x\to1^-}(x-1)=0,\lim_{x\to1^+}f(x)=\lim_{x\to1^+}(3-x)=2$$

所以，$x=1$是函数$f(x)$的第一类间断点.

同步练习 1

1. 单项选择题

(1) $f(x)$在点a处连续是$f(x)$在点a处有极限的（　　）.

A. 必要非充分条件　　B. 充分且必要条件

C. 充分非必要条件　　D. 既不充分也不必要条件

(2) 函数$f(x)$在点a处连续是它在点a处左、右连续的（　　）.

A. 充要条件　　B. 充分条件　　C. 必要条件　　D. 无关条件

(3) 若函数$f(x)=\dfrac{a+\ln x}{x-1}$有可去间断点，则$a=$（　　）.

A. 1　　B. 0　　C. -1　　D. e

(4) 若$f(x)=\begin{cases}\dfrac{|x^2-1|}{x-1}, & x\neq1\\2, & x=1\end{cases}$，则在$x=1$处（　　）.

A. 极限存在　　B. 右连续但不连续

C. 左连续但不连续　　D. 连续

(5) 设$f(x)=e^{\frac{1}{x}}$，$x=0$是$f(x)$的（　　）.

A. 第一类间断点　B. 第二类间断点　C. 连续点　D. 无法确定

2. 填空题

(1) 函数$f(x)=\frac{\sqrt{x+3}-1}{x+2}$的间断点是________，属于第________类间断点.

(2) 补充定义$f(0)=$________可使函数$f(x)=(1+\sin x)^{\frac{1}{x}}$在$x=0$处连续.

(3) 设$f(x)=x\cot 2x(x\neq 0)$，要使$f(x)$在点$x=0$处连续，则$f(0)=$________.

(4) 设$f(x)=\begin{cases}ae^{x}+bx\sin\frac{1}{x}, & x<0\\ ax^{2}+b, & x\leqslant 0\end{cases}$在$(-\infty,+\infty)$内连续，则常数$a$与$b$的关系是________.

(5) 若$f(x)$在$x=0$处连续，且$\lim\limits_{x\to 0}\frac{f(x)-a}{x}=1$（$a$为常数），则$f(0)=$________.

3. 判断题

(1) 函数$f(x)$在点a处有定义是$f(x)$在点a处连续的充分条件.（　　）

(2) 若函数$f(x)$在点a处自变量变化很小，函数值变化也很小，则$f(x)$在点a处连续.（　　）

(3) 若函数$f(x)$在点a处间断，则$\frac{1}{f(x)}$也必在点a处间断.（　　）

4. 解答题

(1) 讨论函数$f(x)=\begin{cases}e^{x}, & 0\leqslant x\leqslant 1\\ 1+x, & 1<x\leqslant 2\end{cases}$的连续性，并画出函数的图形；

(2) 求函数$f(x)=\frac{x}{\sin \pi x}$的可去间断点，并作出连续延拓函数.

3.2 连续函数的性质

一、知识要点

1. 四则运算的连续性

若函数$f(x)$和$g(x)$都在同一点a处连续，则$f(x)\pm g(x)$，$f(x)\cdot g(x)$，$f(x)/g(x)$（$g(x)\neq 0$）在点a处也连续.

2. 反函数的连续性

若函数$y=f(x)$在区间I_x上严格单调且连续，则它的反函数$x=f^{-1}(y)$也在对应的区间$I_y=\{y\,|\,y=f(x),x\in I_x\}$上连续且有相同的单调性.

3. 复合函数的连续性

若函数 $u=\varphi(x)$ 在点 $x=a$ 处连续，函数 $y=f(u)$ 在 $u=\varphi(a)$ 处连续，则复合函数 $y=f[\varphi(x)]$ 在点 $x=a$ 处也连续.

4. 初等函数的连续性

（1）基本初等函数在其定义域内都连续.

（2）初等函数在其定义域的定义区间内都连续.

二、重难点分析

1. 利用连续函数的性质需关注的问题

（1）初等函数在其定义域的定义区间内是连续的.

（2）把函数运算与极限的运算结合运用. 在连续的条件下，函数与极限的符号可以交换运算顺序.

2. 讨论分段函数连续性需注意的问题

分段函数是连续性问题研究的重要对象，由于初等函数在它们的定义域的定义区间内是连续的，故对分段函数连续性的讨论，主要是对分段点处函数连续性的讨论，而分段点 a 处函数是连续的还是间断的主要依据 $\lim\limits_{x\to a^-}f(x)$、$\lim\limits_{x\to a^+}f(x)$、$f(a)$ 三者是否均存在且相等. 即归结为主要讨论分段函数在分段点处是否左、右连续.

3. 初等函数连续性表述需注意的问题

为什么初等函数连续性不能像基本初等函数那样表述成“在其定义域内都连续”?

事实上，尽管基本初等函数在其定义域内都是连续的，但初等函数在其定义域的某些点（如函数有定义的孤立点）上却不一定能定义连续性，因为定义函数在一点处连续的前提是函数在该点的某个邻域内有定义.

例如：初等函数 $f(x)=\sqrt{\sin x}+\sqrt{16-x^2}+\sqrt{-x}$，它的定义域 $D=[-4,-\pi]\cup\{0\}$，$f(x)$ 在 $x=0$ 处就无法定义其连续性，我们不能说 $f(x)$ 在其定义域 D 上连续，只能说 $f(x)$ 在其定义域的定义区间 $D=[-4,-\pi]$ 上连续.

一般地，由连续函数的运算法则可知，如果初等函数 $f(x)$ 的定义域 D 内的某点存在某个邻域包含在 D 内，即该点属于 $f(x)$ 的某个定义区间，那么 $f(x)$ 在该点必定连续，因此初等函数在其定义域的定义区间内是连续的.

4. 函数定义域与连续区间之间关系问题

函数的定义域和连续区间是两个不同的概念，两者不能等同. 函数定义域是指使得函数有意义的一切点组成的集合，并不一定都能用区间来表示；函数的连续区间是指使得函数有意义且连续的点构成的区间，都用区间来表示．函数的连续区间必定是包含在定义域内的区间，但即使能完全用区间来表示的函数定义域也并不一定都是连续区间，如在分段点处不连续的分段函数就有这种情况．

三、解题方法技巧

1. 求连续函数极限的方法

根据函数$f(x)$在点$x=a$处连续的定义可知，求连续函数$f(x)$在$x\to a$时的极限，只需求$x=a$时的函数值．因此对于初等函数$f(x)$，其定义区间内一点$x=a$，极限为$\lim\limits_{x\to a}f(x)=f(a)$.

2. 函数连续性的判断方法

（1）利用连续函数的定义，一般多适用于抽象函数．

（2）利用初等函数在其定义域的定义区间内连续的结论．

（3）利用连续的充要条件，即

函数$f(x)$在点a处连续$\Leftrightarrow f(x)$在点a处左、右均连续．

本方法一般多用于判断分段函数分段点处的连续性．

3. 求连续区间的方法

（1）初等函数的连续区间即为其定义域的定义区间．

（2）分段函数的连续区间为各分段上的定义开区间与连续或左（右）连续的分段点的并区间．

四、经典题型详解

题型一　利用连续函数性质求极限

例1　求下列极限：

（1）$\lim\limits_{x\to 1}\dfrac{x^2+e^{1-x}}{\tan(x-1)+\ln(1+x)}$;

（2）$\lim\limits_{x\to 0^+}(\ln x-\ln\sin x)$;

（3）$\lim\limits_{x\to 0}(1+2x)^{\frac{3}{\sin x}}$.

分析：利用函数的连续性直接求解．

解　（1）函数$\dfrac{x^2+e^{1-x}}{\tan(x-1)+\ln(1+x)}$是初等函数，且在点$x=1$处及其附近有定义．所以$x=1$是该函数的连续点．将$x=1$代入原式得

$$\lim_{x\to 1}\frac{x^2+e^{1-x}}{\tan(x-1)+\ln(1+x)}=\frac{1+e^0}{\tan 0+\ln 2}=\frac{1+1}{0+\ln 2}=\frac{2}{\ln 2}.$$

（2）$\lim\limits_{x\to 0^+}(\ln x-\ln\sin x)=\lim\limits_{x\to 0^+}\ln\dfrac{x}{\sin x}=\ln\lim\limits_{x\to 0^+}\dfrac{x}{\sin x}=\ln 1=0.$

（3）**解法1** 因为$(1+2x)^{\frac{3}{\sin x}}=e^{\frac{3}{\sin x}\ln(1+2x)}$，又$x\to0$时，$\sin x\sim x,\ln(1+2x)\sim 2x$，则利用复合函数连续性定理及无穷小等价替换，便有

$$\lim_{x\to0}(1+2x)^{\frac{3}{\sin x}}=e^{\lim\limits_{x\to0}\left[\frac{3}{\sin x}\ln(1+2x)\right]}=e^{\lim\limits_{x\to0}\frac{3}{x}\cdot 2x}=e^{\lim\limits_{x\to0}6}=e^6$$

解法2 因为

$$\begin{aligned}&(1+2x)^{\frac{3}{\sin x}}\\=&(1+2x)^{\frac{1}{2x}\cdot\frac{x}{\sin x}\cdot 6}\\=&e^{6\cdot\frac{x}{\sin x}\cdot\ln(1+2x)^{\frac{1}{2x}}}\end{aligned}$$

利用复合函数连续性定理及极限运算法则，便有

$$\lim_{x\to0}(1+2x)^{\frac{3}{\sin x}}=e^{\lim\limits_{x\to0}\left[6\cdot\frac{x}{\sin x}\cdot\ln(1+2x)^{\frac{1}{2x}}\right]}=e^{6\cdot\ln e}=e^6$$

注：一般地，形如$[f(x)]^{g(x)}(f(x)>0,f(x)\neq1)$的函数（通常称为幂指函数），如果

$$\lim f(x)=A>0,\ \lim g(x)=B$$

那么
$$\lim[f(x)]^{g(x)}=A^B$$

解法2给出了幂指函数$[f(x)]^{g(x)}$极限的另一种求法，为方便记，称这种求法为**换底法**，即先换底，换成以e为底的指数函数形式，再求极限

$$\lim[f(x)]^{g(x)}=e^{\lim[g(x)\ln f(x)]}$$

注：这里的lim都表示在同一自变量变化过程中的极限.

题型二 求函数的连续区间

例2 确定下列各函数的连续区间：

(1) $f(x)=\ln\dfrac{x^2}{(x+1)(x-3)}$；(2) $g(x)=\begin{cases}\dfrac{e^{\frac{1}{x}}-1}{e^{\frac{1}{x}}+1}, & x\neq0\\ 1, & x=0\end{cases}$.

分析：$f(x)$是初等函数，因为初等函数在其定义域的定义区间内连续，所以确定$f(x)$的连续区间就是确定它的定义域的定义区间. $g(x)$是分段函数，当$x\neq0$时，按初等函数可得$g(x)$是连续的. 因此求$g(x)$的连续区间，关键是判断$g(x)$在分段点$x=0$处的连续性.

解 (1) $f(x)$是初等函数，它的定义域由$\dfrac{x^2}{(x+1)(x-3)}>0$确定，即$\begin{cases}(x+1)(x-3)>0\\x\neq0\end{cases}\Leftrightarrow$ $x>3$或$x<-1$.

于是$f(x)$的连续区间是$(-\infty,-1),(3,+\infty)$.

(2) $g(x)$是分段函数，当$x\neq0$时，$g(x)$与初等函数相同，故在它的定义区间$(-\infty,0)$及$(0,+\infty)$内都是连续的.

在分段点$x=0$处，$g(0)=0$，且左、右极限分别为

$$\lim_{x\to0^-}g(x)=\lim_{x\to0^-}\frac{e^{\frac{1}{x}}-1}{e^{\frac{1}{x}}+1}=-1\ \left(注意到x\to0^-,\ \frac{1}{x}\to-\infty,\lim_{x\to0^-}e^{\frac{1}{x}}=0\right)$$

$$\lim_{x\to0^+}g(x)=\lim_{x\to0^+}\frac{e^{\frac{1}{x}}-1}{e^{\frac{1}{x}}+1}=\lim_{x\to0^+}\frac{1-e^{-\frac{1}{x}}}{1+e^{-\frac{1}{x}}}=1\ \left(注意到x\to0^+,\ -\frac{1}{x}\to-\infty,\lim_{x\to0^+}e^{-\frac{1}{x}}=0\right)$$

由于$\lim\limits_{x\to0^-}g(x)\neq\lim\limits_{x\to0^+}g(x)$，因此$g(x)$在$x=0$处不连续，

综上可知，$g(x)$的连续区间是$(-\infty,0),(0,+\infty)$.

题型三　由函数连续性确定函数表达式中的参数

例3　适当选取a、b，使函数$f(x)=\begin{cases}e^x, & x<0\\ ax+b, & x\geqslant0\end{cases}$处处是连续的.

分析：$f(x)$是分段函数．它在非分段点处无论a、b取何值都是连续的．这是因为在分段区间上分段函数$f(x)$均由初等函数表示，而初等函数在其定义区间都是连续的．因此本题关键是如何选取a和b，使函数$f(x)$在分段点$x=0$处连续.

解　显然$x<0$时，$f(x)=e^x$，e^x是初等函数，当$x<0$时连续，于是$x<0$时$f(x)$连续.

当$x>0$时，$f(x)=ax+b$，对任意常数a、b，它也是连续的．因此关键是选取a、b使$f(x)$在$x=0$处连续.

因为$f(x)$是分段定义的函数，且$x=0$是连续点，所以我们分别考察$x=0$处的左、右连续性.

$$f(0)=a\cdot0+b=b$$

$$\lim_{x\to0^-}f(x)=\lim_{x\to0^-}e^x=e^0=1,\ \lim_{x\to0^+}f(x)=\lim_{x\to0^+}(ax+b)=b$$

$$f(x)\text{在}x=0\text{处连续}\Leftrightarrow\lim_{x\to0^-}f(x)=\lim_{x\to0^+}f(x)=f(0)$$

即$b=1=b$.

因此，仅当$b=1$，a为任意常数时，$f(x)$在$x=0$处连续，从而$f(x)$在$(-\infty,+\infty)$内连续.

注：解此题常易犯以下错误：

错解1　因$\lim\limits_{x\to0^+}f(x)=\lim\limits_{x\to0^+}(ax+b)=b,\ \lim\limits_{x\to0^-}f(x)=\lim\limits_{x\to0^-}e^x=e^0=1$

$$f(0)=a\cdot0+b=b$$

由$\lim\limits_{x\to0^+}f(x)=\lim\limits_{x\to0^-}f(x)=f(0)$得$b=1$.

所以，a为任意实数，$b=1$时$f(x)$连续.

【评注】此解法是不完整的，没有说明$f(x)$在$(-\infty,0)$与$(0,+\infty)$内连续.

错解2　因$\lim\limits_{x\to0^+}f(x)=\lim\limits_{x\to0^+}(ax+b)=b,\ \lim\limits_{x\to0^-}f(x)=\lim\limits_{x\to0^-}e^x=1$

由$\lim\limits_{x\to0^+}f(x)=\lim\limits_{x\to0^-}f(x)$得$b=1$，所以$a$为任意实数，$b=1$时$f(x)$连续.

【评注】此解法除了没说明在$(-\infty,0)$与$(0,+\infty)$内连续外，还错在由$\lim\limits_{x\to0^+}f(x)=\lim\limits_{x\to0^-}f(x)$不一定能保证$f(x)$在$x=0$处连续．因$f(x)$在$x=0$处连续$\Leftrightarrow\lim\limits_{x\to0^+}f(x)=\lim\limits_{x\to0^-}f(x)=f(0)$.

同步练习2

1. 单项选择题

(1) 若$f(x)=\begin{cases}e^x+\dfrac{\sin 2x}{x}, & x\neq0\\ a, & x=0\end{cases}$为连续函数，则$a=(\quad)$.

A. 0　　B. 1　　C. 2　　D. 3

（2）$\lim\limits_{x\to\frac{\pi}{9}}\ln(2\cos 3x)=($　　$)$.

A. 3　　B. 1　　C. 0　　D. 2

（3）函数$f(x)=\begin{cases}2x, & 0\leqslant x\leqslant 2\\ x-1, & -1<x<0\end{cases}$的连续区间为（　　）.

A. $[-1,2]$　　B. $(-1,0)$　　C. $(-1,0),(0,2]$　　D. $[0,2]$

（4）两函数$f(x)$、$g(x)$连续是它们的乘积$f(x)g(x)$连续的（　　）.

A. 充要条件　　B. 无关条件　　C. 必要条件　　D. 充分条件

（5）设$f(x)$在$(-\infty,+\infty)$内有定义，且$\lim\limits_{x\to\infty}f(x)=0$，若设$g(x)=\begin{cases}f\left(\dfrac{1}{x}\right), & x\neq 0\\ 0, & x=0\end{cases}$，则（　　）.

A. $x=0$必是$g(x)$的第一类间断点　　B. $x=0$必是$g(x)$的第二类间断点

C. $x=0$必是$g(x)$的连续点　　D. 无法确定

2. 填空题

（1）函数$f(x)=\ln(1-2x)$的连续区间是________.

（2）若a为初等函数$f(x)$的定义区间内一点，则$\lim\limits_{x\to a}[f^2(x)]=$________.

（3）若$f(x)=\lim\limits_{n\to\infty}\dfrac{(n-1)x}{nx^2+1}$，则$f(x)$的间断点为$x=$________.

（4）$\lim\limits_{x\to\infty}\sin\dfrac{2x}{x^2+1}=$________.

（5）设函数$f(x)=\begin{cases}\dfrac{1-e^{\tan x}}{\sin\dfrac{x}{3}}, & x>0\\ ae^{2x}, & x\leqslant 0\end{cases}$连续，则$a=$________.

3. 判断题

（1）若函数$f(x)$和$g(x)$在点a处连续，则$f(x)/g(x)$也在点a处连续.　　（　　）

（2）一切初等函数在其定义域内都连续.　　（　　）

（3）在点a处，若$f(x)$连续，$g(x)$间断，则$f(x)+g(x)$必间断.　　（　　）

4. 综合题

（1）设$f(x)$是连续函数，证明函数$F(x)=|f(x)|$也是连续函数.

（2）计算$\lim\limits_{x\to 0}(1+3\tan^2 x)^{\cot^2 x}$.

3.3 闭区间上连续函数的性质

一、知识要点

（1）**最值定理**：闭区间上的连续函数在该区间上一定会取得最大值和最小值.

（2）**有界性定理**：闭区间上的连续函数一定在该区间上有界.

（3）**介值定理**：若函数$f(x)$在闭区间$[a, b]$上连续，且在两个端点处的函数值$f(a)$与$f(b)$不相等，则对介于$f(a)$与$f(b)$之间的任何值c，在开区间(a, b)内至少有一点ξ，使得

$$f(\xi)=c \quad (a<\xi<b)$$

（4）**中间值定理**：闭区间上的连续函数，一定会取得介于最大值M与最小值N之间的任何值.

（5）**根的存在定理（零点定理）**：若函数$f(x)$在闭区间$[a,b]$上连续，且在两个端点处的函数值$f(a)$与$f(b)$异号，即$f(a)f(b)<0$，则在开区间(a, b)内至少存在一点ξ，使得

$$f(\xi)=0 \quad (a<\xi<b)$$

若存在$x=\xi$使得$f(\xi)=0$，则称$x=\xi$是方程$f(x)=0$的**实根**，又称点$x=\xi$为函数$f(x)$的**零点**.

二、重难点分析

（1）函数$f(x)$在闭区间$[a, b]$上连续是指$f(x)$在开区间(a, b)内每一点连续且在区间左端点$x=a$处右连续，即$\lim\limits_{x\to a^+}f(x)=f(a)$；在区间右端点$x=b$处左连续，即$\lim\limits_{x\to b^-}f(x)=f(b)$.

（2）使用闭区间上连续函数的任何一个重要性质定理，必须先满足函数连续以及相应区间为闭区间的条件，两者缺一不可，否则就不一定能保证结论的正确性. 例如，$f(x)=x$在开区间$(-1,1)$内与$g(x)=1/x$在$[-1,1]$上都找不到它们相应的最大（小）值点；又如$g(x)=1/x$在$[-1, 1]$上或$(0, 1)$内都无界.

（3）闭区间上连续函数的这些重要性质，它们的几何意义是很明显的，读者应当结合图像来熟练掌握. 同时，读者应能按逆向思维分别正确表述它们的逆否命题，并理解其意义，例如根的存在定理的逆否命题为：

设$f(x)$在$[a ,b]$上连续，若$f(x)=0$在(a ,b)内没有实根，则$f(a)f(b)\geqslant 0$.

（4）根的存在定理能用于确定方程$f(x)=0$在开区间(a, b)内存在实根. 根的存在定理的条件由三部分组成：一是闭区间$[a, b]$，二是在此区间上连续的函数$f(x)$，三是$f(x)$在区间两端点的函数值异号$(f(a)f(b)<0)$. 证明根的存在性命题，常常只给出上述三条件中的部分条件，另一些条件需证明.

（5）对某个方程实根的讨论主要是指确定某个给定方程的实根是否存在；确定该方程的实根是否唯一，或它的个数；以及确定这些实根所在范围，或者求该方程的近似解.

利用闭区间上连续函数的介值定理或根的存在定理是证明方程实根存在的常用方法之一.

①用根的存在定理：根据题目所给的方程$f(x)=C$，或者待证的等式$f(\xi)=C$，首先构造一个在相应闭区间上连续的辅助函数$F(x)$，然后利用根的存在定理证得所给方程的实根是存在的.

这里，要充分发掘题中方程和等式的特性，去构造一个新的函数，使它适合应用根的存

在定理. 例如，把待证等式的定值 ξ 改为变量 x，使待证等式 $f(\xi)=C$ 转化为方程 $f(x)-C=0$，由此构造连续的辅助函数 $F(x)=f(x)-C$. 这个构造思想的基础是一般性存在于特殊性之中，是由特殊到一般化归的一种应用.

②用介值定理：根据待证的等式 $f(\xi)=C$，或方程 $f(x)=C$，先证明函数 $f(x)$ 在相应闭区间上是连续的，故由最值定理知，函数 $f(x)$ 必定在该闭区间上达到其最小值 m 与最大值 M；再证明常数 C 介于最小值 m 与最大值 M 之间；然后利用介值定理便证得 ξ 的存在.

(6) 利用函数最小值、最大值的定义以及闭区间上连续函数的最值定理与中间值定理，不难证明：**闭区间上连续函数的值域就是其最小值 m 与最大值 M 所构成的区间 $[m, M]$**. 因此，求 $[a, b]$ 上连续函数 $f(x)$ 的值域，可以通过求它的最小值 m 与最大值 M 而得.

首先，对任意的 $x\in[a, b]$，由最小值、最大值的定义知

$$m\leqslant f(x)\leqslant M$$

其次，因 $f(x)$ 在 $[a, b]$ 上连续，由最值定理知存在 $x_1, x_2\in[a, b]$，使得

$$f(x_1)=m, f(x_2)=M$$

再由中间值定理知，对任意的 $y\in(m, M)$，存在 x 在 x_1 与 x_2 之间，即 $x\in[a, b]$，使得 $f(x)=y$. 这就证明了 $f(x)$ 在 $[a, b]$ 的值域为 $[m, M]$.

三、解题方法技巧

1. 用根的存在定理证明方程存在实根的方法

证明方程存在实根的问题，通常有三种表述形式：第一种是直接说“证明某个方程在某个区间有实根”（如例2、例3 等）；第二种是说“证明某个函数在某个区间内有零点或某个曲线与 x 轴有交点”（如例1）；第三种是“证明在某个区间内存在一点 ξ，使某个函数点 ξ 的值等于确定的常数 C，即使 $f(\xi)=C$”（如例4）.

(1) 若题设直接给出函数，则先对函数阐明两点：一是函数在某个闭区间上连续；二是该区间两端点处的函数值异号，然后用根的存在定理即可得到结论. 如例1.

(2) 若题设给出方程，首先将方程写成 $F(x)=0$ 的形式；然后设函数 $F(x)$，并验证在所给的闭区间 $[a, b]$ 上连续且 $F(a)$ 与 $F(b)$ 异号，即可得到结论. 如例2 等.

(3) 若题目不是证明方程存在根，而是证明存在 $\xi\in(a, b)$ 使一含 ξ 的等式成立，这时，先将欲证的含 ξ 的等式写成 $F(\xi)=0$ 的形式，这相当于证明方程 $F(x)=0$ 存在根 ξ. 这只要作辅助函数 $F(x)$ 即可. 如例4.

(4) 欲证方程 $F(x)=0$ 在 $(a, b]$，$[a, b)$ 和 $[a, b]$ 上存在根，除用根的存在定理证明方程在开区间 (a, b) 内存在根外，对区间的端点还应加以讨论. 如例4、例5.

2. 证明 $f(\xi)=C$ 的方法

证明函数 $f(x)$ 在点 $x=\xi$ 的函数值 $f(\xi)$ 等于某一确定的常数 C，即证明 $f(\xi)=C$，有两种方法（如例5）：

(1) 用根的存在定理. 将 $f(\xi)=C$ 改写成 $f(\xi)-C=0$，作辅助函数 $F(x)=f(x)-C$. 只

要证明方程 $F(x)=0$ 存在根 ξ 即可.

(2) 用介值定理. 若 $f(x)$ 在闭区间 $[a,b]$ 上连续，且最大值与最小值分别为 M 和 m，只要能证明 C 介于 m 与 M 之间，即可得欲证结论.

3. 证明方程根的唯一性的方法步骤

(1) 先用根的存在定理证明方程 $F(x)=0$ 在开区间 (a,b) 内存在根;

(2) 然后验证函数 $F(x)$ 在 $[a,b]$ 单调，或用反证法，设方程有两个实根，从而导出矛盾. 如例6.

四、经典题型详解

题型一　证明函数在某区间上存在零点

例1　证明曲线 $y=x^4-3x^2+7x-10$ 在 $x=1$ 与 $x=2$ 之间至少与 x 轴有一个交点.

分析: 证明曲线 $y=x^4-3x^2+7x-10$ 在 $x=1$ 与 $x=2$ 之间至少与 x 轴有一个交点，就是函数 $y=x^4-3x^2+7x-10$ 在 $x=1$ 与 $x=2$ 之间至少有一个零点 ξ，即至少存在一点 $\xi\in(1,2)$，使得 $y(\xi)=0$，于是考虑用根的存在定理. 运用根的存在定理需阐明两点：一是函数在闭区间上连续（因为是初等函数，所以这一点是显然的）；二是区间两端点处的函数值异号.

证　函数 $y=x^4-3x^2+7x-10$ 显然在 $[1,2]$ 上连续，并且 $y(1)=1-3+7-10=-5<0$，$y(2)=16-12+14-10=8>0$.

由根的存在定理知，函数 $y=x^4-3x^2+7x-10$ 在 $(1,2)$ 内至少有一个零点，即曲线在 $x=1$ 与 $x=2$ 之间至少与 x 轴有一个交点.

题型二　证明方程有实根

例2　试证方程 $2^x=x^2+1$ 在区间 $(-1,5)$ 内至少有三个实根.

分析: 若令 $F(x)=2^x-x^2-1$，则 $F(-1)<0, F(5)>0$. 需用观察法在 $(-1,5)$ 内找出两点 x_1,x_2，假设 $x_1<x_2$，只要有 $F(x_1)>0, F(x_2)<0$ 即可.

证　令 $F(x)=2^x-x^2-1$，显然 $F(x)$ 在 $[-1,5]$ 上连续.

由于 $F(-1)=\frac{1}{2}-2<0, F\left(\frac{1}{2}\right)=\sqrt{2}-\frac{3}{4}>0, F(2)=-1<0$，$F(5)=6>0$.

由根的存在定理可知，方程 $F(x)=0$ 在区间 $\left(-1,\frac{1}{2}\right)$，$\left(\frac{1}{2},2\right)$，$(2,5)$ 内各至少有一个实根. 故方程 $F(x)=0$，即 $2^x=x^2+1$ 在 $(-1,5)$ 内至少有三个实根.

注: 把所给方程的一边移到另一边，或稍作初等变换后构造出一个辅助函数，或许是函数构造中最简单的一种构造思想，但它却有着很重要的实际意义.

例3　证明方程 $x^3-9x-1=0$ 恰有3个实根.

分析: 先用根的存在定理证明所给方程存在3个实根，再根据该方程是一元三次方程可知它至多只能有3个实根. 这就证明了方程恰有3个实根.

证　令 $F(x)=x^3-9x-1$. 因为

$$f(-3)=-1<0, f(-2)=9>0$$
$$f(0)=-1<0, f(4)=27>0$$

又$f(x)$在$[-3,4]$上连续，所以$f(x)$在$(-3,-2)$,$(-2,0)$,$(0,4)$各区间内至少有一个零点，即方程$x^3-9x-1=0$至少有3个实根，又因为该方程为一元三次方程，于是至多能有3个实根.

综上可知，方程$x^3-9x-1=0$恰有3个根.

例4 设$g(x)$在$[a,b]$上连续，且$g(a)\leqslant a$,$g(b)\geqslant b$,证明在$[a,b]$上至少存在一点ξ，使$g(\xi)=\xi$.

分析：由$g(a)\leqslant a$,$g(b)\geqslant b$得到$g(a)-a\leqslant 0$,$g(b)-b\geqslant 0$,为使构造的函数$F(x)$在区间两端点的函数值异号，应令$F(x)=g(x)-x$. 于是，命题等价于证明$F(x)=g(x)-x$在$[a,b]$上有零点.

证 设$F(x)=g(x)-x$，因$g(x)$在$[a,b]$上连续，故$F(x)$在$[a,b]$上连续，又由题设有$F(a)=g(a)-a\leqslant 0$，$F(b)=g(b)-b\geqslant 0$.

(1) 若$F(a)$,$F(b)$中至少有一个是零，则a,b中至少有一个可作为ξ，使得$g(\xi)=\xi$.

(2) 若$F(a)<0$,$F(b)>0$,则由根的存在定理知，在(a,b)内至少有一点ξ，使得$F(\xi)=g(\xi)-\xi=0$,即$g(\xi)=\xi$.

综上可得，在$[a,b]$上至少存在一点ξ，使得$g(\xi)=\xi$.

注：如果连续函数$f(x)$在闭区间$[a,b]$的两个端点处的值$f(a)$与$f(b)$，有$f(a)\geqslant 0$，$f(b)\leqslant 0$；或者为$f(a)\leqslant 0$，$f(b)\geqslant 0$，则应对$f(a)=0$，$f(b)=0$的特殊情形分别进行单独讨论，这是特殊事件特殊处理的思维方式，然后再对$f(a)f(b)<0$的一般情形应用闭区间上连续函数的根的存在定理而获得命题证明.

例5 试证明方程$x-a\sin x=b$至少存在一正根$\xi\in(0,a+b]$，其中常数a，b满足$0<a<1$,$b>0$.

分析：证明方程$x-a\sin x=b$在半开区间$(0,a+b]$有根，除用根的存在定理证明方程在开区间$(0,a+b)$内有根外，还需对区间右端点$x=a+b$处加以讨论.

证法1 令$F(x)=x-a\sin x-b$. 显然$F(x)$在闭区间$[0,a+b]$上连续且

$F(0)=-b<0$,$F(a+b)=a[1-\sin(a+b)]\geqslant 0$(注意到$a>0$,$|\sin(a+b)|\leqslant 1$)

当$F(a+b)=0$时,如取$a+b=2k\pi+\dfrac{\pi}{2}$，k为正整数，则$\xi=a+b$就是原方程的一个正根.

当$F(a+b)>0$时，由根的存在定理即知原方程在开区间$(0,a+b)$内至少存在一正根ξ.

综合二者便得本命题结论成立.

证法2 令函数$f(x)=x-a\sin x$，则所考虑的方程为$f(x)=b$,$b>0$，显然$f(x)$是闭区间$[0,a+b]$上的连续函数，且严格单调增加. 故$f(x)$在闭区间$[0,a+b]$上的最小值为$f(0)=0$，最大值为

$$f(a+b)=b+a[1-\sin(a+b)]$$

当$1-\sin(a+b)=0$时，$f(a+b)=b$，则$\xi=a+b$是原方程的一个正根.

当 $1-\sin(a+b)>0$ 时，$f(a+b)>b>0=f(0)$，即常数 b 介于 $f(x)$ 在 $[0,a+b]$ 上的最小值与最大值之间，则由介值定理知，在 $(0, a+b)$ 内至少存在一点 ξ，使得 $f(\xi)=\xi-a\sin\xi=b$.

综合两方面，本命题获证.

题型三　证明方程根的唯一性

例6　证明方程 $x^3+px+q=0(p>0)$ 有且只有一个实根.

分析：对于此类问题首先利用根的存在定理证明根的存在性，然后再利用单调性或反证法说明根的唯一性.

证　(1) 先证存在性.

令 $F(x)=x^3+px+q$，则 $F(x)$ 在 $(-\infty,+\infty)$ 内连续. 由于

$$\lim_{x\to+\infty}(x^3+px+q)=\lim_{x\to+\infty}x^3\left(1+\frac{p}{x^2}+\frac{q}{x^3}\right)=+\infty$$

$$\lim_{x\to-\infty}(x^3+px+q)=\lim_{x\to-\infty}x^3\left(1+\frac{p}{x^2}+\frac{q}{x^3}\right)=-\infty$$

即对于无论多大的 $M>0$，当 x 充分大时，有 $x^3+px+q>M$，即可取到 $x=b$，使 $F(b)>0$. 同理，可取到 $x=a$，使 $F(a)<0$.

又因为 $F(x)$ 在 $[a,b]$ 上连续，由根的存在定理得，存在 $\xi\in(a,b)$，使 $F(\xi)=0$，即 ξ 是方程 $F(x)=0$ 的根.

(2) 再证唯一性. 需证明函数 $F(x)$ 单调增加.

在 $(-\infty,+\infty)$ 内任取 x_1，x_2，设 $x_1<x_2$，因

$$F(x_2)-F(x_1)=x_2^3-x_1^3+p(x_2-x_1)=(x_2-x_1)(x_2^2+x_1x_2+x_1^2+p)>0(p>0)$$

故 $F(x)$ 在 $(-\infty,+\infty)$ 内单调增加，从而方程 $F(x)=0$，即 $x^3+px+q=0$ 只有一个实根.

注：任一个奇数次多项式（或任一奇数次代数方程）至少有一个实根.

同步练习3

1. 单项选择题

(1) 设 $f(x)$ 在 $[a,b]$ 上连续，若 $f(x)=0$ 在 (a,b) 内没有实根，则 $f(a)f(b)$ (　　).

A. <0　　B. >0　　C. $\leqslant 0$　　D. $\geqslant 0$

(2) $f(x)$ 在 $[a,b]$ 上有界是 $f(x)$ 在其上连续的 (　　).

A. 必要条件　　B. 充分条件

C. 充分必要条件　　D. 既不充分也不必要条件

(3) 若 $f(x)$ 在 $[a,b]$ 上单调连续，且 $f(a)f(b)<0$，则方程 $f(x)=0$ 根的个数为 (　　).

A. 0　　B. 1　　C. 2　　D.　无法确定

(4) 若定义在 $[a,b]$ 上的函数 $f(x)$ 可以取到 $f(a)$、$f(b)$ 之间的一切值，则 $f(x)$ 在 $[a,b]$ 上 (　　).

A. 必连续　　B. 必不连续　　C. 必有零点　　D. 以上都不对

（5）当$|x|<\frac{\pi}{2}$时，函数$y=\cos x$（　　）.

A. 有最大、最小值　B. 无最大、最小值　C. 仅有最大值　　D. 仅有最小值

2. 填空题

（1）若函数$f(x)$在$[a,b]$上连续，则$f(x)$在________上有最大、最小值.

（2）若在$[a,b]$上的连续函数$f(x)$有最大值M，最小值m，则$f(x)$在$[a,b]$上的值域为________.

（3）设$f(x)$在$(-\infty,+\infty)$内连续，对任意的两点$x_1<x_2$，若$f(x_1)\neq f(x_2)$，则对$f(x_1)$与$f(x_2)$之间任何数η，必存在$c\in$________，使得$f(c)=\eta$.

（4）若函数$f(x)$在$[a,b]$上连续，则$f(x)$在________上有界.

（5）若函数$f(x)$在$[a,b]$上连续，且在区间端点处的函数值________，则方程$f(x)=0$必有根.

3. 判断题

（1）若$f(x)$在$[a,b]$上连续，且$f(x)$在$[a,b]$上无零点，则$f(x)$在$[a,b]$上不变号.（　　）

（2）设$f(x)$定义在$[a,b]$上，在(a,b)内连续，又$f(a)\cdot f(b)<0$，则必存在$\xi\in(a,b)$，使得$f(\xi)=0$.（　　）

（3）若函数$f(x)$在$[a,b]$上无界，则$f(x)$在$[a,b]$上必间断.（　　）

4. 证明题

（1）证明方程$x=4\sin x+\frac{\pi}{2}$至少有一个负实根.

（2）若函数$f(x)$与$g(x)$在$[a,b]$上连续，且$f(a)\leqslant g(a)$，$f(b)\geqslant g(b)$，则存在$\xi\in[a,b]$使得$f(\xi)=g(\xi)$.

自测题

一、单项选择题（每题3分，共30分）

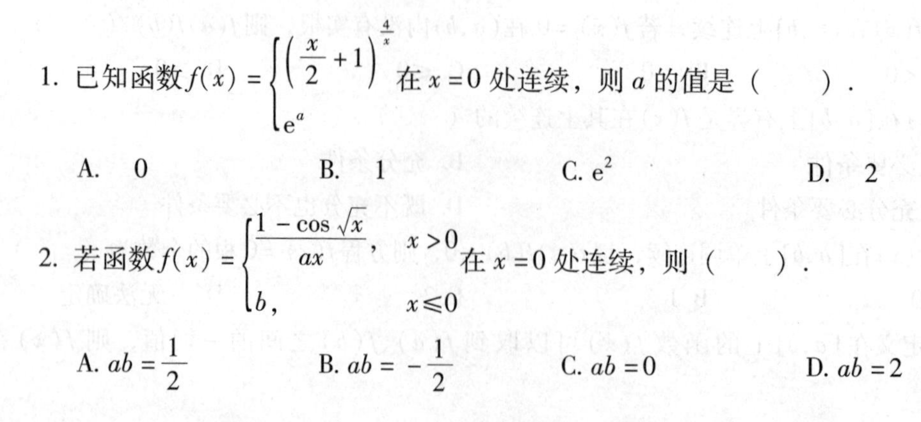

1. 已知函数$f(x)=\begin{cases}\left(\frac{x}{2}+1\right)^{\frac{4}{x}} \\ e^a\end{cases}$在$x=0$处连续，则$a$的值是（　　）.

A. 0　　B. 1　　C. e^2　　D. 2

2. 若函数$f(x)=\begin{cases}\frac{1-\cos\sqrt{x}}{ax}, & x>0 \\ b, & x\leqslant 0\end{cases}$在$x=0$处连续，则（　　）.

A. $ab=\frac{1}{2}$　　B. $ab=-\frac{1}{2}$　　C. $ab=0$　　D. $ab=2$

3. 函数$f(x)=\dfrac{(e^x-1)}{x(x+1)\ln|x|}$可去间断点的个数为（　　）.

A. 0　　B. 1　　C. 2　　D. 3

4. 设函数$f(x)=\begin{cases}\dfrac{\sin ax}{x}, & x\neq 0\\ b, & x=0\end{cases}$　$(a\neq b)$，则$x=0$为（　　）.

A. 第一类间断点　　B. 第二类间断点　　C. 连续点　　D. 无定义点

5. 若$f(x)$在$x=0$处连续，且对任意的x，$y\in(-\infty,+\infty)$，有$f(x+y)=f(x)+f(y)$，则$\lim\limits_{x\to 0}[f(a+x)-f(a)]=$（　　）.

A. -1　　B. 0　　C. 1　　D. 2

6. 不能断定函数$f(x)$在点a处连续的极限式是（　　）.

A. $\lim\limits_{\Delta x\to 0}[f(a+\Delta x)-f(a)]=0$　　B. $\lim\limits_{x\to a}f(x)=f(a)$

C. $\lim\limits_{\Delta x\to 0}[f(a+\Delta x)-f(a-\Delta x)]=0$　　D. $\lim\limits_{\Delta x\to 0}\dfrac{f(a+\Delta x)-f(a)}{\Delta x}$存在

7. 若$f(x)=\begin{cases}\cos x+x\sin\dfrac{1}{x}, & x<0\\ x^2+1, & x\geqslant 0\end{cases}$，则$x=0$是$f(x)$的（　　）.

A. 第一类间断点　　B. 第二类间断点　　C. 连续点　　D. 可去间断点

8. 设$f(x)=\begin{cases}x^2-1, & -1\leqslant x<0\\ x, & 0\leqslant x<1\\ 2-x, & 1\leqslant x\leqslant 2\end{cases}$，则$f(x)$在（　　）.

A. $x=0$，$x=1$处都连续　　B. $x=0$，$x=1$处都间断

C. $x=0$处连续，$x=1$处间断　　D. $x=0$处间断，$x=1$处连续

9. $f(x)$在$[a,b]$上连续是$f(x)$在其上有最大、最小值的（　　）.

A. 必要条件　　B. 充分条件

C. 充分必要条件　　D. 既不充分也不必要条件

10. 若$\lim\limits_{x\to a^-}f(x)=k_1$，$\lim\limits_{x\to a^+}f(x)=k_2$，其中$k_1$，$k_2$为确定的实常数，则$x=a$不可能是（　　）.

A. 连续点　　B. 无极限点　　C. 第一类间断点　　D. 第二类间断点

二、填空题（每题3分，共30分）

1. 函数$f(x)=\dfrac{x^2-1}{x^2-x}$的第一类间断点个数为________个.

2. 若$\lim\limits_{x\to\infty}f(x)=\sin e$，则$\lim\limits_{x\to 0}f\left(\dfrac{1}{x}\right)=$________.

3. 函数$f(x)=\dfrac{x}{(x-1)(e^x-1)}$的间断点为________.

4. 若$x=e$是$f(x)=\dfrac{\ln x-a}{x-e}$的可去间断点，则$a=$________.

5. $\lim\limits_{x\to1}\ln\dfrac{\sin x}{x}=$ ________.

6. 函数 $f(x)=\begin{cases}e^x, & x<0\\ k, & x=0\\ \dfrac{x}{\sin x}, & x>0\end{cases}$（$k$ 为常数）在 $x=0$ 处连续的充分必要条件是 $k=$ ________.

7. 设 $f(x)=\dfrac{x-\sin x}{x+\sin x}(x\neq0)$，要使 $f(x)$ 在 $x=0$ 处连续，$f(0)$ 应取值________.

8. $f(x)$ 在 $[0,\pi]$ 连续，则满足条件________时，$f(x)=0$ 至少有一正根.

9. 若 $x=0$ 是函数 $f(x)$ 的第二类间断点，且 $\lim\limits_{x\to0^-}f(x)=0$，则 $\lim\limits_{x\to0^+}f(x)=$ ________.

10. 若 $f(x)$ 在 $x=0$ 处连续，且 $f(0)=1$，则 $\lim\limits_{x\to0}[f(x)-1]=$ ________.

三、判断题（每题 2 分，共 6 分）

1. 连续函数一定有界.（ ）

2. 若 $f(x)$ 为连续函数，则 $\dfrac{1}{f(x)}$ 也是连续函数.（ ）

3. 若 $f(x)$ 在 (a,b) 内连续且有界，则 $f(x)$ 在 (a,b) 内必有最大值和最小值.（ ）

四、综合题（第 1 题 6 分，第 2 ~5 题每题 7 分，共 34 分）

1. 求函数 $f(x)=\dfrac{1}{\lg(1-x)}$ 的连续区间.

2. 设 $f(x)=\begin{cases}(1+x)^{-\frac{1}{x}}, & x\neq0\\ e, & x=0\end{cases}$，求出 $f(x)$ 的间断点，并说明其类型；若存在可去间断点，请写出连续延拓函数.

3. 设 $f(x)=\begin{cases}2, & x=1\\ \dfrac{x^4+ax+b}{x-1}, & x\neq1\end{cases}$ 在 $x=1$ 处连续，试确定常数 a，b 的值.

4. 讨论函数 $f(x)=\begin{cases}|x|, & |x|\leqslant1\\ \dfrac{x}{|x|}, & 1<x\leqslant3\end{cases}$ 的连续性，并作出函数图像.

5. 证明方程 $x^3-3x^2-9x+1=0$ 在 $(0,1)$ 内有唯一实根.

同步练习参考答案

同步练习 1

1. C A B B B.

2. (1) $x=-2$,—; (2) 1 ; (3) 1 ; (4) $a=b$; (5) a.

3. × √ ×.

4. （1）因 $\lim\limits_{x\to0^-}f(x)=\lim\limits_{x\to0^-}e^x=e$，$\lim\limits_{x\to0^+}f(x)=\lim\limits_{x\to0^+}(1+x)=2$，$\lim\limits_{x\to0^-}f(x)\neq\lim\limits_{x\to0^+}f(x)$，故在点 $x=1$ 处 $f(x)$ 不连续，$x=1$ 为其第一类间断点（跳跃间断点）.

显然 $f(x)$ 在 $[0,1)$ 及 $(1,2]$ 内为初等函数，因而连续．图形如下．

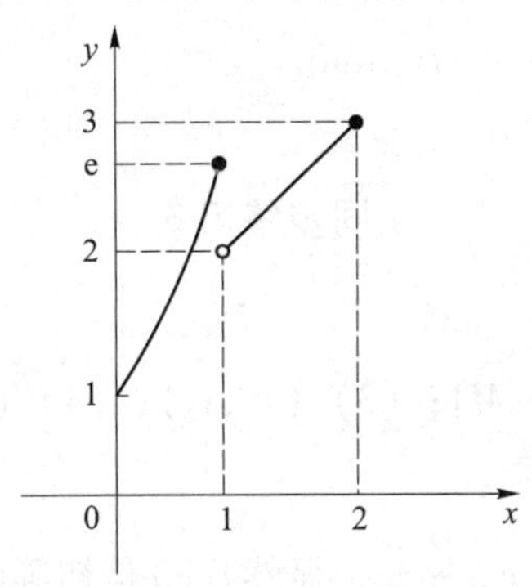

（2）$f(x)$ 的可去间断点为 $f(x)$ 没有定义但存在极限的点．显然 $f(x)$ 在 $x=0$ 处没有定义，但

$$\lim_{x\to0}f(x)=\lim_{x\to0}\frac{x}{\sin\ \pi x}=\lim_{x\to0}\frac{x}{\sin\ \pi x}=\lim_{x\to0}\frac{\pi x}{\pi\sin\ \pi x}=\frac{1}{\pi}$$

存在，因而 $f(x)$ 的可去间断为 $x=0$，其连续延拓函数为

$$F(x)=\begin{cases}\dfrac{x}{\sin\ \pi x}, & x\neq0\\ \dfrac{1}{\pi}, & x=0\end{cases}$$

同步练习 2

1. D　C　C　D　C.

2. （1）$\left(-\infty,\dfrac{1}{2}\right)$；（2）$f^2(a)$；（3）0；（4）0；（5）$-3$.

3. ×　×　√.

提示：（3）用反证法推断．若 $f(x)+g(x)$ 连续，则由连续函数四则运算法则知 $g(x)=[f(x)+g(x)]-f(x)$ 连续．与已知条件矛盾！故命题为真．

注：注意到间断是作为连续的否定的概念来定义的，故在判定或证明某函数必定间断时，常常采用反证法，以便利用连续函数的运算法则与性质来轻松推理获得．

4. （1）因 $y=|u|$ 是 u 的连续函数，又 $u=f(x)$ 是 x 的连续函数，则由复合函数连续性知，$F(x)=|f(x)|$ 是 x 的连续函数．

（2）**解法 1**　$\lim\limits_{x\to0}(1+3\tan^2x)^{\cot^2x}=\lim\limits_{x\to0}(1+3\tan^2x)^{\frac{1}{\tan^2x}}$

$$=\lim_{x\to0}[(1+3\tan^2x)^{\frac{1}{3\tan^2x}}]^3=e^3$$

解法 2　$\lim\limits_{x\to0}(1+3\tan^2x)^{\cot^2x}=\lim\limits_{x\to0}e^{\ln(1+3\tan^2x)^{\cot^2x}}$

$$=\lim_{x\to0}e^{\cot^2x\ln(1+3\tan^2x)}$$

而$\lim\limits_{x\to 0}\cot^2 x\ln(1+3\tan^2 x)=\lim\limits_{x\to 0}\cot^2 x\ln(1+3\tan^2 x)=\lim\limits_{x\to 0}\dfrac{\ln(1+3\tan^2 x)}{\tan^2 x}=\lim\limits_{x\to 0}\dfrac{3\tan^2 x}{\tan^2 x}=$

$\lim\limits_{x\to 0}\dfrac{3}{1}=3$，（注意到$x\to 0$时$\ln(1+3\tan^2 x)\sim 3\tan^2 x$）

所以$\lim\limits_{x\to 0}(1+3\tan^2 x)^{\cot^2 x}=e^{\lim\limits_{x\to 0}\cot^2 x\ln(1+3\tan^2 x)}=e^3$.

同步练习 3

1. D　A　B　D　C.

2. （1）$[a,b]$；　（2）$[m,M]$；（3）(x_1,x_2)；（4）(a,b)；（5）异号.

3. √　×　√.

4. （1）**证**　设$f(x)=x-4\sin x-\dfrac{\pi}{2}$，显然$f(x)$是初等函数，所以$f(x)$在$\left[-\dfrac{\pi}{2},0\right]$上连续，又$f\left(-\dfrac{\pi}{2}\right)=4-\pi>0$，$f(0)=-\dfrac{\pi}{2}<0$，即$f\left(-\dfrac{\pi}{2}\right)f(0)<0$. 由根的存在定理知至少存在一点$\xi\in\left(-\dfrac{\pi}{2},0\right)$，使得$f(\xi)=0$，即方程$x=4\sin x$在$\left(-\dfrac{\pi}{2},0\right)$内至少有一个负实根.

（2）**证**　令$F(x)=f(x)-g(x)$，因为$f(x)$和$g(x)$在$[a,b]$上连续，所以$F(x)$在$[a,b]$上连续，又$F(a)=f(a)-g(a)\leqslant 0$，$F(b)=f(b)-g(b)\geqslant 0$.

①若$F(a),F(b)$中至少有一个等于零，则a,b中至少有一个可作为ξ，使得$f(\xi)=g(\xi)$.

②若$F(a)<0,F(b)>0$，则由根的存在定理知，在(a,b)内至少存在一点ξ，使$F(\xi)=0$，即$f(\xi)=g(\xi)$.

综上所述，在$[a,b]$上必存在一点ξ，使$f(\xi)=g(\xi)$.

自测题参考答案

一、D　A　C　A　B　C　C　D　B　D.

二、1. 1.　2. sin e.　3. $x=0,x=1$.　4. 1.　5. ln sin 1.

6. 1.　7. 0.　8. $f(0)f(\pi)<0$.　9. 不存在.　10. 0.

三、×　×　×.

四、1. 因为$\lg(1-x)\neq 0$,即$1-x\neq 1$,也即$x\neq 0$;

又因为$1-x>0$,即$x<1$,

综上知，函数$f(x)$的定义域为$(-\infty,0)\cup(0,1)$，即为所求的连续区间.

2. 显然$f(x)$的定义域为$(-\infty,+\infty)$.

在$x\neq 0$处，$f(x)=(1+x)^{-\frac{1}{x}}$为初等函数的形式，所以当$x\neq 0$时，$f(x)$连续.

在$x=0$处，$f(0)=e$，而$\lim\limits_{x\to 0}f(x)=\lim\limits_{x\to 0}(1+x)^{-\frac{1}{x}}=\lim\limits_{x\to 0}[(1+x)^{\frac{1}{x}}]^{-1}=e^{-1}$，

所以　$\lim\limits_{x\to 0}f(x)\neq f(0)$.

故 $x=0$ 是 $f(x)$ 的间断点且为第一类间断点中的可去间断点．其连续延拓函数为

$$F(x)=\begin{cases}(1+x)^{-\frac{1}{x}}, & x\neq 0\\ \dfrac{1}{\mathrm{e}}, & x=0\end{cases}$$

3. 因 $f(x)$ 在 $x=1$ 处连续，故

$$\lim_{x\to 1}f(x)=\lim_{x\to 1}\frac{x^4+ax+b}{x-1}=2=f(1) \qquad (*)$$

因该有理分式的极限存在，且分母的极限 $\lim\limits_{x\to 1}(x-1)=0$，故它的分子极限必须为零，即

$$\lim_{x\to 1}(x^4+ax+b)=1+a+b=0$$

得 $a=-(1+b)$．把它代回式（$*$）中，有

$$\lim_{x\to 1}\frac{x^4-(1+b)x+b}{x-1}=\lim_{x\to 1}\frac{(x^4-x)-b(x-1)}{x-1}=\lim_{x\to 1}(x^3+x^2+x-b)=3-b=2$$

由此得 $b=1$，故 $a=-2$.

4. 由已知 $f(x)=\begin{cases}|x|, & |x|\leqslant 1\\ \dfrac{x}{|x|}, & 1<|x|\leqslant 3\end{cases}$ 可得

$$f(x)=\begin{cases}-x, & -1\leqslant x<0\\ x, & 0\leqslant x\leqslant 1\\ 1, & 1<x\leqslant 3\end{cases}$$

显然 $f(x)$ 的定义域为 $[-1,3]$．因为在 $[-1,0),(0,1),(1,3]$ 内 $f(x)$ 的表达式分别为 $-x,x,1$，都是初等函数的形式，所以 $f(x)$ 在有定义的区间 $[-1,0),(0,1),(1,3]$ 内连续．

在分段点 $x=0$ 处，$f(0)=0$，$\lim\limits_{x\to 0^-}f(x)=\lim\limits_{x\to 0^-}(-x)=0=f(0)$

$$\lim_{x\to 0^+}f(x)=\lim_{x\to 0^+}(x)=0=f(0)$$

所以 $f(x)$ 在 $x=0$ 处既左连续也右连续，即 $f(x)$ 在 $x=0$ 处连续．

在分段点 $x=1$ 处，$f(1)=1$，$\lim\limits_{x\to 1^-}f(x)=\lim\limits_{x\to 1^-}x=1=f(1)$

$$\lim_{x\to 1^+}f(x)=1=f(1)$$

所以 $f(x)$ 在 $x=1$ 处既左连续也右连续，即 $f(x)$ 在 $x=1$ 处连续．

综上可知，$f(x)$ 在其定义域 $[-1,3]$ 内连续．

$f(x)$ 的图像为

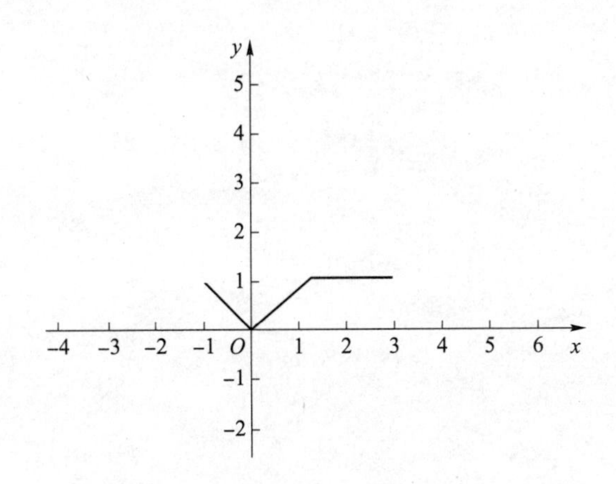

注：讨论带绝对值的函数的连续性时，一般先去掉绝对值，将函数改写成分段函数，然后主要讨论函数在分段点处的连续性.

5. **证法 1**

存在性：令 $f(x)=x^3-3x^2-9x+1$，则 $f(0)=1>0$，

$f(1)=-10<0$，且 $f(x)$ 在 $[0,1]$ 上连续，故由根存在定理知，至少存在 $\xi_1\in(0,1)$，使 $f(\xi_1)=0$.

唯一性：设存在 $\xi_2\in(0,1)(\xi_2\neq\xi_1)$，使 $f(\xi_2)=0$，则 $f(\xi_2)-f(\xi_1)=0$，

$$\xi_2^3-3\xi_2^2-9\xi_2+1-\xi_1^3+3\xi_1^2+9\xi_1-1=0$$

即

$$(\xi_2-\xi_1)[(\xi_2^2+\xi_1\xi_2+\xi_1^2)-3(\xi_2+\xi_1)-9]=0$$

因为 $\xi_2{}^2+\xi_1\xi_2+\xi_1{}^2-3(\xi_2+\xi_1)-9<0$（注意 $\xi_1,\xi_2\in(0,1)$），所以 $\xi_2-\xi_1=0$，即 $\xi_2=\xi_1$，从而方程 $x^3-3x^2-9x+1=0$ 在 $(0,1)$ 内只有唯一的实根.

证法 2　令 $f(x)=x^3-3x^2-9x+1$，则有 $f(0)=1>0$，$f(1)=-10<0$，

$$\lim_{x\to-\infty}f(x)=\lim_{x\to-\infty}(x^3-3x^2-9x+1)=\lim_{x\to-\infty}\left\{x\left[\left(x-\frac{3}{2}\right)^2-\frac{45}{4}\right]+1\right\}=-\infty$$

$$\lim_{x\to+\infty}f(x)=\lim_{x\to+\infty}(x^3-3x^2-9x+1)=+\infty$$

且 $f(x)$ 在 $(-\infty,+\infty)$ 内连续，则 $f(x)$ 在 $(-\infty,0)$，$(0,1)$，$(1,+\infty)$ 各区间内至少有一个零点，即方程 $f(x)=0$ 在此三个区间内至少各有一个实根. 又因为所给方程为一元三次方程，最多只有三个实根，所以方程 $f(x)=0$ 在该三区间内各恰有一个实根，即方程 $x^3-3x^2-9x+1=0$ 在 $(0,1)$ 内有唯一实根.

第4章 导数与微分

一、基本要求

（1）理解并掌握导数的定义及其几何意义.

（2）熟记基本求导公式，并熟悉导数的四则运算法则.

（3）熟练掌握复合函数的求导法则及其应用.

（4）掌握反函数求导法、隐函数求导法和取对数求导法.

（5）理解高阶导数的概念，会求简单函数的高阶导数.

（6）理解微分的定义，掌握微分的运算法则，会求函数的微分.

二、知识网络图

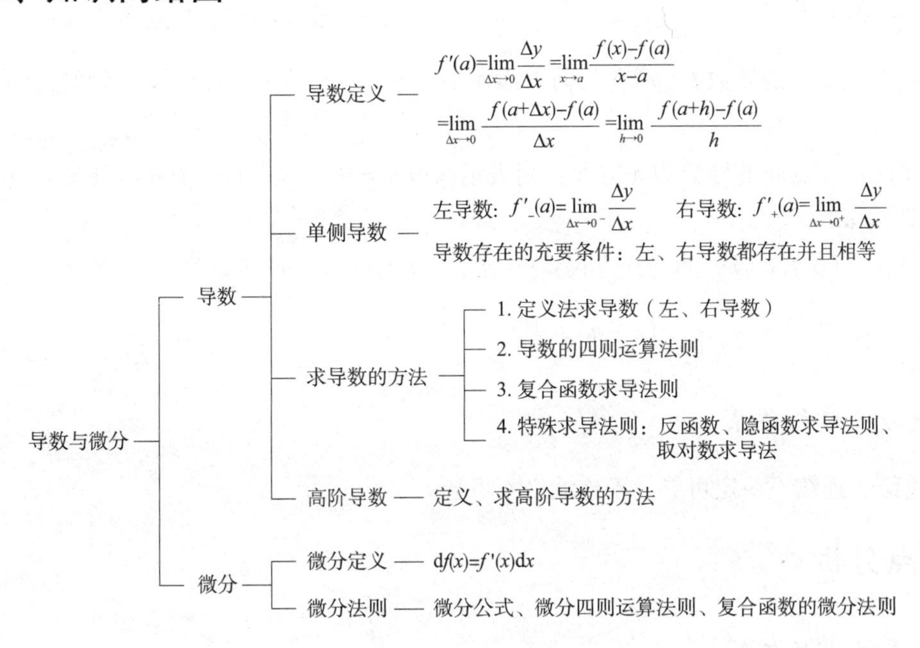

4.1 导数的概念

一、知识要点

1. 导数的定义

设函数 $y=f(x)$ 在 $x=a$ 的某个邻域内有定义，若极限

$\lim\limits_{\Delta x \to 0}\frac{\Delta y}{\Delta x}=\lim\limits_{x \to a}\frac{f(x)-f(a)}{x-a}$存在，则称函数$f(x)$在$x=a$处可导，此极限称为函数$f(x)$在$x=a$处的导数，记为$f'(a)$，或$y'|_{x=a}$，$\frac{\mathrm{d}y}{\mathrm{d}x}|_{x=a}$，$\frac{\mathrm{d}f(x)}{\mathrm{d}x}|_{x=a}$. 即

$$f'(a)=\lim_{\Delta x \to 0}\frac{\Delta y}{\Delta x}=\lim_{x \to a}\frac{f(x)-f(a)}{x-a}=\lim_{\Delta x \to 0}\frac{f(a+\Delta x)-f(a)}{\Delta x}=\lim_{h \to 0}\frac{f(a+h)-f(a)}{h}$$

若上述极限不存在，则称函数$f(x)$在$x=a$处不可导.

2. **单侧导数**

左导数：$f'_{-}(a)=\lim\limits_{\Delta x \to 0^{-}}\frac{\Delta y}{\Delta x}=\lim\limits_{x \to a^{-}}\frac{f(x)-f(a)}{x-a}$；

右导数：$f'_{+}(a)=\lim\limits_{\Delta x \to 0^{+}}\frac{\Delta y}{\Delta x}=\lim\limits_{x \to a^{+}}\frac{f(x)-f(a)}{x-a}$.

函数$f(x)$在$x=a$处存在导数的充分必要条件是它的左、右导数都存在并且相等. 即$f'(a)$存在$\Leftrightarrow f'_{-}(a)$, $f'_{+}(a)$存在,且$f'_{-}(a)=f'_{+}(a)$.

3. **导数的几何意义**

函数$f(x)$在点a处的导数$f'(a)$在几何上表示曲线$y=f(x)$在点$(a, f(a))$处的切线斜率，即$k=f'(a)$.

如果函数$f(x)$在点a的导数为无穷大，则表示曲线$y=f(x)$在点$(a, f(a))$处具有垂直于x轴的切线$x=a$.

函数$f(x)$在点$(a,f(a))$处的切线方程：$y-f(a)=f'(a)(x-a)$.

法线方程：$y-f(a)=-\frac{1}{f'(a)}(x-a)$，其中$f'(a)\neq 0$.

4. **可导与连续的关系**

可导必连续，连续不一定可导，不连续必不可导.

二、重难点分析

1. **导数定义式的理解**

导数的本质：$f'(a)=\lim\limits_{\Delta x \to 0}\frac{\Delta y}{\Delta x}$，其中只要满足本质结构都可以表示导数. 例如，如果式子中$\Delta y=f(a+h)-f(a-h)$，相应的自变量增量是$\Delta x=(a+h)-(a-h)=2h$. 则函数$f(x)$在点a处的导数也可表示为：$f'(a)=\lim\limits_{\Delta x \to 0}\frac{\Delta y}{\Delta x}=\lim\limits_{h \to 0}\frac{f(a+h)-f(a-h)}{2h}$. 因此$f'(a)$的表达式只要符合本质结构即可，如$f'(a)=\lim\limits_{h \to 0}\frac{f(a+2h)-f(a)}{2h}$等.

2. 可导与连续的关系

可导性是一元函数连续性的充分条件，讨论一元函数在某点 a 处连续性和可导性时，一旦根据导数定义验证了函数导数存在，则它一定在该点连续，即“可导必连续”．若函数在该点 a 处不连续，则函数必不可导，即“不连续必不可导”．但若函数连续，未必可导，则需再讨论其可导性．

三、解题方法技巧

1. 判断函数在某点处的可导性

（1）对于初等函数而言，可以用导数的定义来判断极限 $\lim\limits_{\Delta x\to 0}\dfrac{\Delta y}{\Delta x}$ 是否存在．也可以根据连续性和可导性的关系来判断，不连续一定不可导，但是如果该点连续的话，还需要用导数定义判断其可导性．

（2）对于分段函数在分界点处的可导性，需要根据左、右导数的情况进行判断．

2. 函数 $f(x)$ 在点 a 处不可导的情况

（1）极限 $\lim\limits_{x\to a}\dfrac{f(x)-f(a)}{x-a}$ 不存在（包括极限趋于无穷大）；

（2）函数 $f(x)$ 在点 a 处的左、右导数至少有一个不存在；

（3）函数 $f(x)$ 在点 a 处的左、右导数都存在，但是不相等；

（4）函数 $f(x)$ 在点 a 处不连续．

四、典型例题分析

题型一　利用导数定义求解极限

例1　已知 $f'(a)=1$，求 $\lim\limits_{h\to 0}\dfrac{f(a-2h)-f(a)}{h}$ 的值．

分析：注意到所求极限的形式和导数的定义式相接近，可用导数的定义来求解，求解时一定要注意函数增量与自变量增量形式的统一．

我们知道，导数的本质是

$$f'(a)=\lim_{\Delta x\to 0}\frac{\Delta y}{\Delta x}$$

式子中 $\Delta y=f(a-2h)-f(a)$，相应的自变量增量是

$$\Delta x=(a-2h)-(a)=-2h$$

因此，函数 $f(x)$ 在点 a 处的导数为 $f'(a)=\lim\limits_{\Delta x\to 0}\dfrac{\Delta y}{\Delta x}=\lim\limits_{h\to 0}\dfrac{f(a-2h)-f(a)}{-2h}$.

解

$$\lim_{h\to 0}\frac{f(a-2h)-f(a)}{h}=-2\lim_{h\to 0}\frac{f(a-2h)-f(a)}{-2h}$$

$$=-2f'(a)=-2\cdot 1=-2$$

注：本例求解过程中的一系列恒等变形，其目的是要将本来不能表示函数变化率的式子$\frac{f(a-2h)-f(a)}{h}$，变形为可以表示函数变化率的式子$-2\cdot\left[\frac{f(a-2h)-f(a)}{-2h}\right]$，同时考虑到自变量增量$-2h\to0$，满足了导数定义式的要求，因此可以认定$\lim\limits_{h\to0}\frac{f(a-2h)-f(a)}{-2h}$即$\lim\limits_{-2h\to0}\frac{f(a-2h)-f(a)}{-2h}$就是$f'(a)$.

例 2　求$\lim\limits_{h\to0}\frac{f(x)-f(a)}{x-a}$.

分析：这个极限式和导数的定义有些类似，容易混淆出现错误，需要注意区别，要注意极限式子中自变量为h的变化趋势．式子$\frac{f(x)-f(a)}{x-a}$不含有h，且没有一个变量与h有关系，因此无论h如何变化，都不会影响表达式$\frac{f(x)-f(a)}{x-a}$的值．

解　$\lim\limits_{h\to0}\frac{f(x)-f(a)}{x-a}=\frac{f(x)-f(a)}{x-a}$.

题型二　判断函数在某点处的可导性

例 3　讨论函数$f(x)=x\sin x$在$x=0$处是否可导．

分析：对于初等函数而言，可以用导数定义来判断极限是否存在．若极限$\lim\limits_{x\to a}\frac{f(x)-f(a)}{x-a}$存在，则可导；若极限不存在，则不可导．

解　$f'(0)=\lim\limits_{x\to0}\frac{f(x)-f(0)}{x-0}=\lim\limits_{x\to0}\frac{x\sin x-0}{x-0}=\lim\limits_{x\to0}\frac{x\sin x}{x}=\lim\limits_{x\to0}\sin x=0$

所以函数$f(x)$在$x=0$处可导，且$f'(0)=0$.

例 4　讨论函数$f(x)=\begin{cases}x-1, & x<1\\ \ln x, & x\geqslant1\end{cases}$在$x=1$处是否可导．

分析：对于分段函数在分界点处的可导性，需要根据左、右导数的情况进行判断．

解　易知$f(1)=\ln 1=0$,

$$f'_-(1)=\lim_{h\to0^-}\frac{f(1+h)-f(1)}{h}=\lim_{h\to0^-}\frac{[(1+h)-1]-0}{h}=\lim_{h\to0^-}\frac{h}{h}=1$$

$$f'_+(1)=\lim_{h\to0^+}\frac{f(1+h)-f(1)}{h}=\lim_{h\to0^+}\frac{\ln(1+h)-0}{h}=\lim_{h\to0^+}\frac{\ln(1+h)}{h}$$

$$=\lim_{h\to0^+}\frac{h}{h}=\lim_{h\to0^+}1=1\quad(\text{当 }h\to0\text{ 时},\ln(1+h)\sim h)$$

因为$f'_-(1)=f'_+(1)=1$，所以函数$f(x)$在$x=1$处可导，且$f'(1)=1$.

题型三　可导性与连续性的讨论

例 5　讨论$f(x)=\begin{cases}e^x, & x\geqslant0\\ \cos x, & x<0\end{cases}$在$x=0$处的连续性与可导性．

分析：利用连续的定义$\lim\limits_{x\to a}f(x)=\lim\limits_{x\to a^-}f(x)=\lim\limits_{x\to a^+}f(x)=f(a)$，来判断连续性．利用导数定义判断导数$f'(a)=\lim\limits_{x\to a}\frac{f(x)-f(a)}{x-a}$（或左、右导数）是否存在，来判断可导性．

解 首先，讨论连续性：易知$f(0)=e^0=1$，

有$\lim\limits_{x\to0^-}f(x)=\lim\limits_{x\to0^-}\cos x=1=f(0)$；

$\lim\limits_{x\to0^+}f(x)=\lim\limits_{x\to0^+}e^x=1=f(0)$；

由于$\lim\limits_{x\to0^-}f(x)=\lim\limits_{x\to0^+}f(x)=f(0)$，

因此函数$f(x)$在$x=0$处连续．

对于可导性：

$$f'_-(0)=\lim_{x\to0^-}\frac{f(x)-f(0)}{x-0}=\lim_{x\to0^-}\frac{\cos x-1}{x}=\lim_{x\to0^-}\frac{-\frac{x^2}{2}}{x}=\lim_{x\to0^-}\left(-\frac{x}{2}\right)=0$$

$$f'_+(0)=\lim_{x\to0^+}\frac{f(x)-f(0)}{x-0}=\lim_{x\to0^+}\frac{e^x-1}{x}=\lim_{x\to0^-}\frac{x}{x}=1$$

因为$f'_-(0)\neq f'_+(0)$，所以函数$f(x)$在$x=0$处不可导．

综上所述，函数$f(x)$在$x=0$处连续，但不可导．

例6 讨论$f(x)=\begin{cases}x^2\sin\dfrac{1}{x}, & x\neq0\\0, & x=0\end{cases}$在$x=0$处的连续性与可导性．

分析：根据连续性和可导性的关系来判断．可以先判断连续性，若不连续一定不可导，但是如果该点连续的话，还需要用导数定义判断其可导性．或者先判断可导性，若可导，则必定连续；若不可导，还需要利用连续的定义判断连续性．

解

$$f'(0)=\lim_{x\to0}\frac{f(x)-f(0)}{x-0}=\lim_{x\to0}\frac{x^2\sin\frac{1}{x}-0}{x-0}=\lim_{x\to0}x\sin\frac{1}{x}=0$$

可知函数$f(x)$在$x=0$处可导．

根据可导与连续的关系：可导必连续可知函数$f(x)$在$x=0$处连续．

因此，函数$f(x)$在$x=0$处连续且可导．

同步练习1

1. 单项选择题

(1) 函数$f(x)$在点a处连续是$f'(a)$存在的（　　）条件．

A. 充要　　B. 充分

C. 必要　　D. 既不充分也不必要

(2) 已知$f'(3)=2$，则$\lim\limits_{h\to0}\dfrac{f(3-h)-f(3)}{2h}=$（　　）．

A. -1　　B. 1　　C. 2　　D. 不存在

(3) 设$f(0)=0$，且$\lim\limits_{x\to0}\dfrac{f(x)}{x}$存在，则$\lim\limits_{x\to0}\dfrac{f(x)}{x}$等于（　　）．

A. $f'(x)$　　B. $f(0)$　　C. $f'(0)$　　D. $\dfrac{1}{2}f'(0)$

（4）曲线 $y=x^2$ 在 $x=2$ 处的切线方程是（　　）.

A. $y=2x-2$　　B. $y=4x-2$　　C. $y=2x-4$　　D. $y=4x-4$

（5）设函数 $y=\sin\dfrac{1}{x}$，则函数在 $x=0$ 处（　　）.

A. 可导但不连续　　B. 连续但不可导

C. 不连续也不可导　　D. 连续又可导

2. 填空题

（1）已知函数 $f(x)=2x$，则 $f'(2)=$ ________.

（2）已知 $f'(2)=2$，则 $\lim\limits_{h\to 0}\dfrac{f(2)-f(2-h)}{h}=$ ________.

（3）曲线 $y=x^2$ 在点（1，1）处的切线方程为________.

（4）已知函数 $f(x)=\begin{cases}x^2, & x\geqslant 1\\ x, & x<1\end{cases}$，则 $f'_-(1)=$ ________，$f'_+(1)=$ ________.

（5）函数 $y=|x|$ 在 $x=0$ 处________.（可导或不可导）

3. 判断题

（1）函数 $f(x)$ 在点 a 处的导数可以表示为 $\lim\limits_{h\to 0}\dfrac{f(a)-f(a-h)}{h}$.（　　）

（2）连续函数在不可导点处，一定不存在切线.（　　）

（3）函数在某点处可导的条件是函数在该点处的左、右导数都存在.（　　）

4. 解答题

（1）求函数 $f(x)=\dfrac{1}{x}$，在 $x=1$ 处的切线方程和法线方程.

（2）判断函数 $f(x)=\begin{cases}e^x, & x\geqslant 0\\ \sin x, & x<0\end{cases}$ 在 $x=0$ 处的导数是否存在.

（3）已知函数 $f(x)=\begin{cases}x^2+1, & 0\leqslant x<1\\ 3x-1, & x\geqslant 1\end{cases}$，求 $f'_-(1)$ 及 $f'_+(1)$，问：$f'(1)$ 否存在?

（4）讨论 $f(x)=\begin{cases}x\sin\dfrac{1}{x}, x\neq 0\\ 0, x=0\end{cases}$ 在 $x=0$ 处的连续性与可导性.

4.2　导函数及其四则运算法则

一、知识要点

1. 导函数

若函数 $f(x)$ 在开区间 (a,b) 内可导，对于任意 $x\in(a,b)$，通过对应关系 $\lim\limits_{\Delta x\to 0}\dfrac{f(x+\Delta x)-f(x)}{\Delta x}$，都有唯一的函数值（即导数）$f'(x)$ 与之对应（极限唯一性准则），这样就构成一个新的函

数，这个函数叫作函数$f(x)$的导函数（简称导数），记为$f'(x)$或y'，$\frac{dy}{dx}$，$\frac{df(x)}{dx}$.

即函数$f(x)$的导数：

$$f'(x)=\lim_{\Delta x\to 0}\frac{\Delta y}{\Delta x}=\lim_{\Delta x\to 0}\frac{f(x+\Delta x)-f(x)}{\Delta x}$$

或

$$f'(x)=\lim_{h\to 0}\frac{f(x+h)-f(x)}{h}$$

2. 导数的基本公式

(1)$C'=0$(C为常数)；

(2)$(x^n)'=nx^{n-1}$(n为任意实数)；

(3)$(a^x)'=a^x\ln a$ ($a>0,a\neq 1$)；

(4)$(e^x)'=e^x$；

(5)$(\log_a x)'=\frac{1}{x\ln a}$($a>0,a\neq 1$)；

(6)$(\ln x)'=\frac{1}{x}$；

(7)$(\sin x)'=\cos x$；

(8)$(\cos x)'=-\sin x$；

(9)$(\tan x)'=\sec^2 x=\frac{1}{\cos^2 x}$；

(10)$(\cot x)'=-\csc^2 x=-\frac{1}{\sin^2 x}$；

(11)$(\sec x)'=\sec x\tan x$；

(12)$(\csc x)'=-\csc x\cot x$；

(13)$(\arcsin x)'=\frac{1}{\sqrt{1-x^2}}$；

(14)$(\arccos x)'=-\frac{1}{\sqrt{1-x^2}}$；

(15)$(\arctan x)'=\frac{1}{1+x^2}$；

(16)$(\text{arccot}\, x)'=-\frac{1}{1+x^2}$.

3. 导数的四则运算法则

若$u=u(x)$和$v=v(x)$都可导，则它们的和、差、积、商（分母为零的点除外）都可导，并且有

(1)$(u\pm v)'=u'\pm v'$；

(2)$(uv)'=u'v+uv'$，特别地，$(Cu)'=Cu'$(C为常数)；

(3)$\left(\frac{u}{v}\right)'=\frac{u'v-uv'}{v^2}$(其中$v\neq 0$).

二、重难点分析

注意区分某点处的导数与导函数的概念.

函数$f(x)$在$x=a$处的导数：$f'(a)=\lim_{\Delta x\to 0}\frac{\Delta y}{\Delta x}=\lim_{\Delta x\to 0}\frac{f(a+\Delta x)-f(a)}{\Delta x}$；

函数$f(x)$的导函数$f'(x)$：$f'(x)=\lim_{\Delta x\to 0}\frac{\Delta y}{\Delta x}=\lim_{\Delta x\to 0}\frac{f(x+\Delta x)-f(x)}{\Delta x}$.

函数$f(x)$在$x=a$处的导数定义式，将点a换成任意点x，得到函数$f(x)$的导数. 如果求出$f(x)$的导数，可以求出$f(x)$在任意一点的导数.

$f'(a)$是表示函数$f(x)$在$x=a$处的导数，也可看作导函数$f'(x)$在$x=a$处的函数值，即

$f'(x)|_{x=a}=f'(a)$.

三、解题方法技巧

1. 求导数的方法

对于函数的导数，不需要用定义法来求导数了，可以直接应用求导公式和导数的四则运算法则，求出一些简单函数的导数.

2. 求函数在某点处的导数

求函数在点 $x=a$ 处的导数 $f'(a)$，首先求出函数的导数 $f'(x)$，再将 $x=a$ 代入导函数 $f'(x)$ 的解析式中.

四、典型例题分析

题型一 求函数的导数

例 1 求下列函数的导数：

(1) $f(x)=(\tan x+2)^2$；(2) $f(x)=e^x(\sin x+\cos x)$.

分析：(1) 函数 $f(x)=(\tan x+2)^2$ 属于初等函数，其由加法和复合运算构成，此类函数的求导我们还未学习过，但是我们可以将平方拆成两个因式相乘，就可以利用乘法的求导法则进行求解.

(2) 函数 $f(x)=e^x(\sin x+\cos x)$，同时含有加法和乘法运算，是导数的四则运算法则的混合运算.

解 (1)
$$\begin{aligned}f'(x)&=[(\tan x+2)^2]'=[(\tan x+2)\cdot(\tan x+2)]'\\&=(\tan x+2)'\cdot(\tan x+2)+(\tan x+2)\cdot(\tan x+2)'\\&=\sec^2x\cdot(\tan x+2)+(\tan x+2)\cdot\sec^2x\\&=2\sec^2x\cdot(\tan x+2)\end{aligned}$$

解 (2)
$$\begin{aligned}f'(x)&=[e^x(\sin x+\cos x)]'\\&=(e^x)'\cdot(\sin x+\cos x)+e^x\cdot(\sin x+\cos x)'\\&=e^x\cdot(\sin x+\cos x)+e^x\cdot(\cos-\sin x)\\&=2e^x\cos x\end{aligned}$$

题型二 求函数在某点 *a* 处的导数

例 2 求下列函数的导数.

(1) 已知 $f(x)=x^3+4\cos x-\sin\dfrac{\pi}{2}$，求 $f'\left(\dfrac{\pi}{2}\right)$.

(2) 已知 $f(x)=\dfrac{x+3}{x^2+3}$，求 $f'(3)$.

分析：求函数在某点处的导数，先要求出它的导函数，然后将该点代入导函数表达式中.

解 (1)
$$f'(x)=\left(x^3+4\cos x-\sin\frac{\pi}{2}\right)'$$

$$=(x^3)'+4(\cos x)'-\left(\sin\frac{\pi}{2}\right)'$$

$$=3x^2-4\sin x$$

$$f'\left(\frac{\pi}{2}\right)=3\cdot\left(\frac{\pi}{2}\right)^2-4\sin\frac{\pi}{2}=\frac{3\pi^2}{4}-4$$

（2）

$$f'(x)=\left(\frac{x+3}{x^2+3}\right)'$$

$$=\frac{(x+3)'\cdot(x^2+3)-(x+3)\cdot(x^2+3)'}{(x^2+3)^2}$$

$$=\frac{1\cdot(x^2+3)-(x+3)\cdot 2x}{(x^2+3)^2}$$

$$=\frac{-x^2-6x+3}{(x^2+3)^2}$$

$$f'(3)=\frac{-3^2-6\times3+3}{(3^2+3)^2}=-\frac{1}{6}$$

同步练习 2

1. 单项选择题

（1）若 u 及 v 都是 x 的可导函数，则下列结论不正确的是（　　）.

A. $(u\pm v)'=u'\pm v'$　　B. $(uv)'=u'v+uv'$

C. $\left(\frac{u}{v}\right)'=\frac{u'v-uv'}{v^2}$　　D. $(Cu)'=Cu'$

（2）设 $f(x)=\mathrm{e}^x+\sin 1$，则 $f'(x)=$（　　）.

A. $\mathrm{e}^x+\cos 1$　　B. 0　　C. e^x　　D. $\mathrm{e}^x+\sin 1$

（3）设 $f(x)=\arctan x$，则 $f'(0)=$（　　）.

A. -1　　B. 1　　C. 0　　D. 2

（4）设 $f(x)=x\cos x$，则 $f'(0)=$（　　）.

A. 0　　B. 1　　C. -1　　D. 2

（5）设 $f(x)=\frac{1}{x+1}$，则 $f'(x)=$（　　）.

A. $-\frac{1}{(x+1)^2}$　　B. $-\frac{1}{(x-1)^2}$　　C. $\frac{1}{x+1}$　　D. $-\frac{1}{x-1}$

2. 填空题

（1）$(\tan x)'=$______.

（2）设函数 $f(x)=2\sin x+3^x$，则 $f'(x)=$________.

（3）设函数 $f(x)=\mathrm{e}^x\cos x$，则 $\frac{\mathrm{d}f(x)}{\mathrm{d}x}=$________.

（4）设函数 $f(x)=\frac{\ln x}{x}$，则 $f'(\mathrm{e})=$ ________.

(5) 设函数$f(x)=(1+2x)^2$，则$f'(x)=$______.

3. 判断题

(1) $f'(a)$与$f'(x)\big|_{x=a}$所表示的含义相同. ( )

(2) 若$f'(x)=\sin x$，则$f(x)=\cos x$. ( )

(3) $\left(\frac{e^x}{x^2}\right)'=\frac{e^x(2-x)}{x^3}$. ( )

4. 解答题

(1) 设$f(x)=\arcsin x+2^x-\sin 3$，求$f'(x)$.

(2) 已知$f(x)=x^3-x\sqrt{x}$，求$f'(1)$.

(3) 设$f(x)=x^3\ln x$，求$f'(x)$.

(4) 设$f(x)=\frac{x-1}{x}$，求$f'(x)$.

(5) 已知$f(x)=\sqrt{x\sqrt{x}}$，求$f'(x)$.

4.3 复合函数求导法则

一、知识要点

1. 导数的记号

(1) 默认型导数记号. 默认型导数记号是指不明确标明函数关于哪一个变量求导的记号. 例如：$(\sin x)'$、$f'(x)$、$\{f[g(x)]\}'$、$f'[g(x)]$.

(2) 强制型导数记号. 强制型导数记号是指强行规定函数关于某一个变量求导的记号. 一般采用加下标和微商两种方式.

①加下标的表示方法，求导变量以下标的方式体现出来.

例 如$(\sin 2x)'_x$、$(\sin 2x)'_{2x}$、$\{f[g(x)]\}'_{g(x)}$都是加下标的强制型记号.

②微商形式的表示方法，如$\frac{df(x)}{dx}$，求导变量在分母位置体现.

例如$\frac{df(x)}{dx}=f'(x)$，$\frac{d\sin 2x}{d2x}=(\sin 2x)'_{2x}$.

2. 复合函数的求导法则

若函数$y=f(u)$与$u=g(x)$可以复合成函数$y=f[g(x)]$，且$y=f(u)$在点u可导和$u=g(x)$在点x可导，则函数$y=f[g(x)]$在点x也可导，并且有

$$\{f[g(x)]\}'=f'[g(x)]\cdot g'(x)$$

或

$$y'_x=y'_u\cdot u'_x$$

或

$$\frac{df[g(x)]}{dx}=\frac{df[g(x)]}{dg(x)}\cdot\frac{dg(x)}{dx}$$

3. 复合函数求导法则的推广

若函数 $y=f(u)$，$u=\varphi(v)$，$v=\psi(x)$ 均为可导函数，则构成的复合函数 $y=f\{\varphi[\psi(x)]\}$ 也可导，且有

$$\frac{\mathrm{d}y}{\mathrm{d}x}=\frac{\mathrm{d}y}{\mathrm{d}u}\cdot\frac{\mathrm{d}u}{\mathrm{d}v}\cdot\frac{\mathrm{d}v}{\mathrm{d}x}\text{或 } y'_x=y'_u\cdot u'_v\cdot v'_x$$

二、重难点分析

1. 基本求导公式中的“三元统一”

套用基本求导公式时要满足“三元统一”原则，指的是任何一个基本求导公式中，被求导函数的自变量、求导变量和结果中的自变量这三者（三元）是统一的．例如 $(\sin 2x)'_{2x}=\cos 2x$，$(\mathrm{e}^{\sin 2x})'_{\sin 2x}=\mathrm{e}^{\sin 2x}$.

“三元统一”中对各元的认定方法：

（1）第一元是求导复合函数最外层的中间变量．例如 $\mathrm{e}^{\sin 2x}$，最外层的中间变量是 $u=\sin 2x$，代换后可使得 $\mathrm{e}^{\sin 2x}=\mathrm{e}^{u}$ 具备基本初等函数形式；

（2）第二元是求导问题中所指定的求导变量；

（3）第三元是由第一元和第二元决定的，它与第一元和第二元是一致的．第三元在结果表达式中的位置与套用基本求导公式结果中的自变量的位置一致．

2. 复合函数求导注意事项

复合函数求导时要注意分清楚复合函数的结构，一层层地由外向内分解到简单函数；在逐层求导时，要注意求导的变量，套用基本求导公式要注意满足“三元统一”．

三、解题方法技巧

1. 复合函数的求导

复合函数的求导，要注意将复合函数由外向内逐层分解，并且要注意分解彻底，然后逐层求导．在复合函数求导时，为了明确求导变量，经常使用强制型导数记号，以免求导时出现错误．在求解过程中一般有两种写法：（1）引入中间变量的写法；（2）省略中间变量的写法．

2. 初等函数的求导

对于有些比较复杂的初等函数，经常含有四则运算和复合运算，对于此类函数的求导，首先分清函数是怎样构成的，通常导数的四则法则和复合函数求导法则会混合使用，此时省略中间变量的写法尤为重要．

3. 含有绝对值函数的求导

对于含有绝对值函数的求导，首先将绝对值去掉，再分类讨论进行求导.

四、典型例题分析

题型一　复合函数的求导

例 1　已知 $y=\ln\sin x$，求 y'.

分析：该题是复合函数求导，将复合函数由外向内进行分解，然后用链式法则.

解法 1　复合函数 $y=\ln\sin x$ 可以分解为 $y=\ln u, u=\sin x$.

由链式法则可得

$$y'_x=y'_u\cdot u'_x=(\ln u)'_u\cdot(\sin x)'_x=\frac{1}{u}\cdot\cos x=\frac{\cos x}{\sin x}=\cot x$$

解法 2

$$y'=(\ln\sin x)'_x=(\ln\sin x)'_{\sin x}\cdot(\sin x)'_x=\frac{1}{\sin x}\cdot\cos x=\cot x$$

解法 3

$$\frac{dy}{dx}=\frac{d(\ln\sin x)}{d\sin x}\cdot\frac{d\sin x}{dx}=\frac{1}{\sin x}\cdot\cos x=\cot x$$

例 2　已知 $f(x)=\cos x$，求 $f'(x^2)$.

分析：题中 $f'(x^2)$ 属于默认型导数记号，其含义是 $f(x^2)$ 关于 x^2 求导.

解　由 $f(x)=\cos x$，可得 $f(x^2)=\cos x^2$.

因此 $f'(x^2)=[f(x^2)]'_{x^2}=(\cos x^2)'_{x^2}=-\sin x^2$.

例 3　已知 $f(x)=\sin\ln 2x$，求 $f'(x)$.

分析：该函数属于复合函数求导，由外向内逐层求导.

解

$$f'(x)=(\sin\ln 2x)'=(\sin\ln 2x)'_{\ln 2x}\cdot(\ln 2x)'_{2x}\cdot(2x)'_x=\cos\ln 2x\cdot\frac{1}{2x}\cdot 2=\frac{\cos\ln 2x}{x}$$

题型二　初等函数的求导

例 4　已知 $f(x)=\sin(x^3+\ln 2x)$，求 $f'(x)$.

分析：该函数属于初等函数，由四则运算和复合运算混合得到. 在求导时，分清函数的结构，遇到复合运算，求导时使用复合函数求导法则；遇到四则运算，求导时用导数的四则运算法则.

解

$$\begin{aligned}f'(x)&=[\sin(x^3+\ln 2x)]'=[\sin(x^3+\ln 2x)]'_{x^3+\ln 2x}\cdot(x^3+\ln 2x)'_x\\&=\cos(x^3+\ln 2x)\cdot[(x^3)'_x+(\ln 2x)'_x]\\&=\cos(x^3+\ln 2x)\cdot\left[3x^2+\frac{1}{2x}\cdot(2x)'\right]\\&=\cos(x^3+\ln 2x)\cdot\left(3x^2+\frac{1}{x}\right)\end{aligned}$$

例 5　已知 $f(x)=\ln\sqrt{1+x^2}$，求 $f'(x)$.

分析：该函数属于初等函数，利用导数的四则运算和复合函数的求导法则．

解法1

$$f'(x)=(\ln\sqrt{1+x^2})'=(\ln\sqrt{1+x^2})'_{\sqrt{1+x^2}}\cdot(\sqrt{1+x^2})'_x$$
$$=\frac{1}{\sqrt{1+x^2}}\cdot[(1+x^2)^{\frac{1}{2}}]'_x$$
$$=\frac{1}{\sqrt{1+x^2}}\cdot\frac{1}{2}(1+x^2)^{-\frac{1}{2}}\cdot 2x$$
$$=\frac{1}{\sqrt{1+x^2}}\cdot\frac{x}{\sqrt{1+x^2}}=\frac{x}{1+x^2}$$

解法2

$$f(x)=\ln\sqrt{1+x^2}=\frac{1}{2}\ln(1+x^2)$$
$$f'(x)=\frac{1}{2}[\ln(1+x^2)]'=\frac{1}{2}[\ln(1+x^2)]'_{1+x^2}\cdot(1+x^2)'_x$$
$$=\frac{1}{2}\cdot\frac{1}{1+x^2}\cdot 2x=\frac{x}{1+x^2}$$

注：对于有些比较复杂的函数，如果能先化简，先尽量化简，再求导，会使得求导的过程更加简洁．

题型三　含有绝对值函数的求导

例6　求$f(x)=|x-2|$的导数$f'(x)$．

分析：注意到$f(x)=|x|$在$x=0$处不可导．因此求$f(x)=|x-2|$的导数，必须去掉绝对值，把含有绝对值的函数的求导问题，转化为分段函数的求导问题，而对于分段函数的导数，除了每一段的导数外，还要用导数定义确定分段点的导数．

解　$f(x)=|x-2|=\begin{cases}x-2, & x\geqslant 2\\ 2-x, & x<2\end{cases}$．

当$x<2$时　$f'(x)=(2-x)'=-1$

当$x>2$时　$f'(x)=(x-2)'=1$

当$x=2$时　$f'_-(2)=\lim\limits_{x\to 2^-}\dfrac{f(x)-f(2)}{x-2}=\lim\limits_{x\to 2^-}\dfrac{2-x-0}{x-2}=-1$

$$f'_+(2)=\lim_{x\to 2^+}\frac{f(x)-f(2)}{x-2}=\lim_{x\to 2^+}\frac{x-2-0}{x-2}=1$$

因为在点$x=2$处左、右导数不相等，所以$f'(2)$不存在．

综上所述，$f'(x)=\begin{cases}1, & x>2\\ \text{不存在}, & x=2.\\ -1, & x<2\end{cases}$

例7　求$f(x)=\ln|x-1|$的导数$f'(x)$．

分析：含有绝对值的函数，先去掉绝对值转化为分段函数再求导．

解　$f(x)=\ln|x-1|=\begin{cases}\ln(x-1), x>1\\ \ln(1-x), x<1\end{cases}$．

当$x>1$时，$f'(x)=[\ln(x-1)]'=\dfrac{1}{x-1}\cdot(x-1)'=\dfrac{1}{x-1}$；

当 $x<1$ 时，$f'(x)=[\ln(1-x)]'=\dfrac{1}{1-x}\cdot(1-x)'=\dfrac{1}{1-x}\cdot(-1)=\dfrac{1}{x-1}$.

综上所述，$f'(x)=(\ln|x-1|)'=\dfrac{1}{x-1}$.

同步练习 3

1. 单项选择题

（1）若 $f(x)=\ln\cos x$，则 $f'(x)=$（　　）.

A. $\dfrac{1}{\sin x}$　　B. $-\dfrac{1}{\sin x}$　　C. $\cot x$　　D. $-\tan x$

（2）若 $f(x)=(3-2x)^7$，则 $f'(x)=$（　　）.

A. $14(3-2x)^6$　　B. $7(3-2x)^6$

C. $-14(3-2x)^6$　　D. $7(3-2x)^8$

（3）若 $f(x)=e^x\cos 3x$，则 $f'(x)=$（　　）.

A. $e^x\cos 3x-3e^x\sin 3x$　　B. $e^x\cos 3x+3e^x\sin 3x$

C. $e^x\sin 3x-3e^x\cos 3x$　　D. $3e^x\sin 3x$

（4）以下等式正确的是（　　）.

A. $f'(2x)=[f(2x)]'$　　B. $\dfrac{df(2x)}{dx}=f'(2x)$

C. $f'(2\pi)=[f(2\pi)]'$　　D. $\dfrac{df(2\pi)}{dx}=[f(2\pi)]'$

（5）若 $y=\ln(x+e^x)$，则 $\dfrac{dy}{dx}=$（　　）.

A. $\dfrac{1}{x+e^x}$　　B. $\dfrac{1+e^x}{x+e^x}$　　C. $\dfrac{x-e^x}{x+e^x}$　　D. $\dfrac{1-e^x}{x+e^x}$

（6）设 $y=\sin x^4$，则 $\dfrac{dy}{d(x^2)}=$（　　）.

A. $4x^3\cos x^4$　　B. $2x^2\cos x^4$　　C. $4x^2\cos x^4$　　D. $2x\cos x^4$

2. 填空题

（1）若 $y=\cos(x^2-1)$，则 $y'=$________.

（2）若 $f(x)=\sin^2 x$，则 $f'(x)=$________.

（3）设 $f(x)=e^{2x}+\arctan x$，则 $f'(0)=$________.

（4）若 $f(3x)=\ln(3x)$，则 $f'(3x)=$________.

（5）曲线 $y=x^3+\sin 2x$ 在点 $(0,0)$ 处的切线斜率为________.

3. 判断题

（1）$\dfrac{de^{\sin 2x}}{d2x}$ 与 $(e^{\sin 2x})'$ 所表示的含义相同.（　　）

（2）$\dfrac{d(x+\ln 2x)}{dx}=1+\dfrac{1}{2x}$.（　　）

(3) $(\ln\cos 2x)'_{2x}=(\ln\cos 2x)'_{\cos 2x}\cdot(\cos 2x)'_{2x}$. ( )

4. 解答题

(1) 设 $y=(2x+3)^{10}$，求 y'.

(2) 设 $y=\ln(1-x^2)$，求$\frac{dy}{dx}$.

(3) 求 $f(x)=\ln\sin x^3$ 的导数 $f'(x)$.

(4) 设 $f(x)=\sin x$，$\varphi(x)=x^2$，求 $f'[\varphi(x)]$，$\{f[\varphi(x)]\}'$.

(5) 设 $y=\cos(e^{2x}+x^3)$，求 y'.

4.4 特殊求导法则

一、知识要点

1. 反函数求导法则

若函数 $y=f(x)$ 在点 x 的某邻域内严格单调且连续，在点 x 处可导且 $f'(x)\neq 0$，则它的反函数 $x=\varphi(y)$ 在 y 处可导，且

$$\varphi'(y)=\frac{1}{f'(x)}，或 x'_y=\frac{1}{y'_x} 或 \frac{dx}{dy}=\frac{1}{\frac{dy}{dx}}$$

即反函数的导数等于直接函数导数的倒数.

2. 隐函数求导法则

由方程 $F(x,y)=0$ 所确定的隐函数 $y=y(x)$，求其导数 y'_x 时，在方程两边同时关于 x 求导（求导时将 y 看成 x 的函数），得到关于 y'_x 的方程，再解出 y'_x.

3. 取对数技巧求导法则

对于幂指函数 $u(x)^{v(x)}$，或对于多个函数相乘、除、乘方或开方构成的复杂形式的函数，一般先采用式子两边取对数的方式进行化简后，再用隐函数求导法进行求导.

4. 高阶导数

如果函数 $y=f(x)$ 的导函数 $f'(x)$ 在点 x 处可导，则称 $f'(x)$ 的导数为函数在点 x 处的二阶导数，记作 y''，$f''(x)$ 或$\frac{d^2y}{dx^2}$.

类似地，二阶导数的导数称为三阶导数，记作 y'''，$f'''(x)$ 或$\frac{d^3y}{dx^3}$.

一般地，如果函数 $y=f(x)$ 的 $n-1$ 阶导数存在并且可导，则称 $f(x)$ 的 $n-1$ 阶导数的导数为函数 $y=f(x)$ 的 n 阶导数，记作 $y^{(n)}$，$f^{(n)}(x)$ 或$\frac{d^ny}{dx^n}$.

二阶和二阶以上的导数统称为高阶导数.

二、重难点分析

隐函数求导注意事项:

隐函数求导中，有两个变量 x 和 y，一般会把 y 看成函数，x 看成自变量，当然也可以将 x 看成函数，y 看成自变量. 隐函数里无所谓哪一个变量是因变量，以及哪一个变量是自变量，因此为了避免歧义，在隐函数求导时一般采用强制型导数记号. x 和 y 是隐函数里仅有的两个变量，若把它们看成函数，则 x 和 y 互为反函数. 根据反函数的求导法则，隐函数的 x'_y 和 y'_x 的关系为: $y'_x=\frac{1}{x'_y}$.

三、解题方法技巧

1. 隐函数求导

由方程 $F(x,y)=0$ 所确定的隐函数 $y=y(x)$，求其导数 y'_x 时，在方程两边同时关于 x 求导（求导时将 y 看成 x 的函数），得到关于 y'_x 的方程，再解出 y'_x. 隐函数求导过程中经常还会用到复合函数的求导法. 根据反函数求导法则，有 $x'_y=\frac{1}{y'_x}$，因此 x'_y 可以通过 y'_x 求出. 隐函数的导数结果中可以同时包含 x 和 y.

2. 取对数技巧求导

对于求幂指函数 $y=u(x)^{v(x)}$ 的导数，首先两边取对数后得 $\ln y=\ln u(x)^{v(x)}=v(x)\cdot\ln u(x)$，再用隐函数求导即可.

对于多个函数相乘、除、乘方或开方构成的复杂形式的函数，求其导数时，也可以在式子两边取对数，利用对数运算性质转化为加减法的求导运算来处理.

3. 求高阶函数的导数

高阶导数是导函数再进行求导的结果. 求高阶导数就是对函数连续依次求导，一般可以先求函数的一阶导、二阶导、三阶导等，以此类推，得到高阶导数，并且可以通过找规律，得到函数的 n 阶导数.

四、典型例题分析

题型一　隐函数求导法

例 1　求曲线 $x^2+(y+1)^2=2$ 在点 $x=1$ 处的切线方程.

分析: 曲线方程为隐函数，只需要进行隐函数求导，确定曲线在 $x=1$ 处的导数值即为斜率，再根据点斜式方程求切线方程.

解　方程 $x^2+(y+1)^2=2$ 两边关于 x 求导，得

$$2x+2(y+1)\cdot y'_x=0$$

即
$$y'_x=-\frac{x}{y+1}$$

把 $x=1$ 代入原曲线方程，得到 $y=0$.

然后又将 $x=1$，$y=0$ 代入导函数方程得，$k=y'_x\Big|_{\substack{x=1\\y=0}}=-\frac{1}{0+1}=-1$，

因此所求切线方程为 $y-0=-(x-1)$，即 $y=-x+1$.

例2 已知 $y=\sin(x+y)$，求 y'_x 和 x'_y.

分析：该函数属于隐函数，我们知道隐函数 x'_y 和 y'_x 的关系：$y'_x=\frac{1}{x'_y}$. 因此可以求其中一个导数，而另一个导数通过倒数关系即可得到.

解法1 方程 $y=\sin(x+y)$ 两边关于 x 求导，得
$$y'_x=[\sin(x+y)]'_x$$
$$y'_x=\cos(x+y)\cdot(x+y)'_x$$
$$y'_x=\cos(x+y)\cdot(1+y'_x)$$
$$y'_x=\cos(x+y)+\cos(x+y)\cdot y'_x$$
$$y'_x=\frac{\cos(x+y)}{1-\cos(x+y)}$$
$$x'_y=\frac{1}{y'_x}=\frac{1-\cos(x+y)}{\cos(x+y)}$$

解法2 方程 $y=\sin(x+y)$ 两边关于 y 求导，得
$$y'_y=[\sin(x+y)]'_y$$
$$1=\cos(x+y)\cdot(x+y)'_y$$
$$1=\cos(x+y)\cdot(x'_y+1)$$
$$x'_y=\frac{1}{\cos(x+y)}-1=\frac{1-\cos(x+y)}{\cos(x+y)}$$
$$y'_x=\frac{1}{x'_y}=\frac{\cos(x+y)}{1-\cos(x+y)}$$

题型二 取对数技巧求导

例3 设 $y=y(x)$ 是由方程 $e^y=x^{x+y}$ 确定的隐函数，求 y'_x.

分析：该函数属于隐函数，但是方程的右边式子 x^{x+y} 属于幂指函数，因此先对方程两边取对数，将式子化简.

解 方程 $e^y=x^{x+y}$ 两边取对数，$\ln e^y=\ln x^{x+y}$，得
$$y=(x+y)\ln x$$

方程 $y=(x+y)\ln x$ 两边关于 x 求导，得
$$y'_x=(x+y)'_x\cdot\ln x+(x+y)\cdot(\ln x)'_x$$
$$y'_x=(1+y'_x)\cdot\ln x+(x+y)\cdot\frac{1}{x}$$

化简得到 $y'_x=\frac{x(\ln x+1)+y}{x(1-\ln x)}$.

例 4 已知 $y=\dfrac{\sqrt{x+2}(3-x)^4}{(1+x)^3}$，求 y'.

分析：该函数属于多个函数相乘、除、乘方或开方构成的复杂形式的函数，求其导数时，可以采用两边取对数的方式化简再求导.

解 函数 $y=\dfrac{\sqrt[3]{x+1}(3-x)^4}{(x+2)^3}$两边取对数，

化简得 $\ln|y|=\dfrac{1}{3}\ln|x+1|+4\ln|3-x|-3\ln|x+2|$

式子两边关于 x 求导，得

$$\frac{1}{y}\cdot y'=\frac{1}{3(x+1)}-\frac{4}{3-x}-\frac{3}{x+2}$$

$$y'=\frac{\sqrt[3]{x+1}(3-x)^4}{(x+2)^3}\cdot\left[\frac{1}{3(x+1)}-\frac{4}{3-x}-\frac{3}{x+2}\right]$$

题型三 高阶导数的求法

例 5 已知 $f(x)=\ln(1-x^2)$，求 $f''(x)$.

分析：求高阶导数，从一阶导数逐次求导即可.

解

$$f'(x)=[\ln(1-x^2)]'=\frac{-2x}{1-x^2}$$

$$f''(x)=\left(\frac{-2x}{1-x}\right)'=-2\cdot\left(\frac{x}{1-x}\right)'=-2\cdot\frac{x'(1-x)-x(1-x)'}{(1-x)^2}$$

$$=-2\cdot\frac{1}{(1-x)^2}=\frac{-2}{(1-x)^2}$$

同步练习 4

1. 单项选择题

(1) 设 $e^y+xy-e=0$，则 $y'_x=$（　　）.

A. $\dfrac{y}{x+e^y}$　　B. $-\dfrac{y}{x+e^y}$　　C. $\dfrac{y}{x-e^y}$　　D. $-\dfrac{y}{x-e^y}$

(2) 设 $f(x)=e^{2x}$，则 $f'''(x)=$（　　）.

A. $2e^{2x}$　　B. $4e^{2x}$　　C. $4e^{4x}$　　D. $8e^{2x}$

(3) 设 $y=y(x)$ 由方程所 $y+x=e^{xy}$确定，则 $x'_y=$（　　）.

A. $\dfrac{ye^{xy}-1}{1-xe^{xy}}$　　B. $\dfrac{ye^{xy}+1}{1-xe^{xy}}$　　C. $\dfrac{1-xe^{xy}}{ye^{xy}-1}$　　D. $\dfrac{1+xe^{xy}}{ye^{xy}-1}$

(4) 已知 $y=x^x$，则 $y'=$（　　）.

A. $1+\ln x$　　B. $x^x(1+\ln x)$　　C. $x^x\ln x$　　D. $x\ln x$

(5) 设 $e^x-e^y=\sin xy$，则 $y'|_{x=0}=$（　　）.

A. 0　　B. 2　　C. 1　　D. 3

2. 填空题

（1）已知隐函数 $x=\sin(x+y)$，则 $y'_x=$________.

（2）设 $y=y(x)$ 由方程 $y-xe^y=2$ 所确定，则 $\frac{dy}{dx}=$________.

（3）已知函数 $y=\ln\cos x$，则 $f''(0)=$________.

（4）已知 $x=\varphi(y)$ 是 $y=f(x)$ 的反函数，又知 $f'(x)=2x$，则 $\varphi'(y)=$________.

（5）曲线 $x^2+xy+y^2=3$ 在点 $(1,1)$ 处的切线斜率是________.

3. 判断题

（1）对于隐函数 $F(x,y)=0$，有 $x'_y\cdot y'_x=1$. （ ）

（2）对于函数 $y=e^x+\sin xy$ 求导时，需要两边取对数化简后再求导. （ ）

（3）$\left(\frac{\sqrt{1+x^2}}{x}\right)'=\frac{x}{1+x^2}-\frac{1}{x}$. （ ）

4. 解答题

（1）已知 $ye^x+\sin 2x-8=0$，求 y'_x.

（2）已知 $\sin xy=x+y^2$，求 x'_y.

（3）求函数 $y=(1+x)^x$ 的导数 y'_x.

（4）已知 $f(x)=\ln(1-x)$，求 $f''(0)$.

（5）设 $y=\frac{x(x+3)^2}{\sqrt[3]{1+x}}$，求 y'.

4.5 微分

一、知识要点

1. 微分的定义

函数 $y=f(x)$ 的微分：

$$df(x)=f'(x)dx$$

一元函数可导与可微的关系：可导必可微，可微必可导.

2. 微分公式

(1) $dC=0$（C 为常数）；

(2) $d(x^n)=nx^{n-1}dx$（n 为任意实数）；

(3) $d(a^x)=a^x\ln a\,dx\ (a>0,a\neq1)$；

(4) $d(e^x)=e^xdx$；

(5) $d(\log_a x)=\frac{1}{x\ln a}dx\ (a>0,a\neq1)$；

(6) $d(\ln x)=\frac{1}{x}dx$；

(7) $d(\sin x)=\cos x\,dx$；

(8) $d(\cos x)=-\sin x\,dx$；

(9) $d(\tan x)=\sec^2x\,dx=\frac{1}{\cos^2x}dx$；

(10) $d(\cot x)=-\csc^2x\,dx=-\frac{1}{\sin^2x}dx$；

(11) $d(\sec x)=\sec x\tan x dx$;

(12) $d(\csc x)=-\csc x\cot x dx$;

(13) $d(\arcsin x)=\frac{1}{\sqrt{1-x^2}}dx$;

(14) $d(\arccos x)=-\frac{1}{\sqrt{1-x^2}}dx$;

(15) $d(\arctan x)=\frac{1}{1+x^2}dx$;

(16) $d(\text{arccot}\, x)=-\frac{1}{1+x^2}dx$.

3. 微分的四则运算法则

若函数 $u=u(x)$ 和 $v=v(x)$ 都可导，则

(1) $d(u\pm v)=du\pm dv$;

(2) $d(uv)=vdu+udv$;

(3) $d(Cu)=Cdu$（C 为常数）;

(4) $d\left(\frac{u}{v}\right)=\frac{vdu-udv}{v^2}, v\neq 0$.

4. 复合函数的微分法则

设 $y=f(u)$，$u=\varphi(x)$ 都可微，则复合而成的复合函数 $y=f[\varphi(x)]$ 也可微，其微分为

$$df[\varphi(x)]=f'[\varphi(x)]\varphi'(x)dx=f'[\varphi(x)]d\varphi(x)=f'(u)du$$

即

$$df(u)=f'(u)du$$

二、重难点分析

1. 导数与微分的理解

导数和微分是两个不同的概念，导数是函数增量与自变量增量之比的极限，几何意义是某点处切线的斜率，符号是 $\frac{df(x)}{dx}$ 或 $f'(x)$. 微分是函数增量的主要部分，几何意义是沿切线方向上纵坐标的增量，符号是 $df(x)$. 对于一元函数而言，可导必可微，可微必可导.

2. 复合函数的微分法则

对于复合函数的微分法则 $df(u)=f'(u)du$，要注意中间变量 u，对中间变量 u 求导，就要乘以中间变量 u 的微分. 例如 $d\sin 2x=(\sin 2x)'_{2x}\cdot d2x$.

三、解题方法技巧

1. 求函数微分的方法

（1）通过求导数来求微分.

由于函数的导数和微分仅仅相差一个 dx 的乘积形式，因此要计算函数的微分，只要先计算函数的导数，再乘以自变量的微分 dx 即可，可见求微分问题可以归结为求导数问题.

（2）利用微分定义和微分法则.

直接利用微分的定义：$dy=f'(x)dx$. 对函数求导，再乘以 dx，还可以用微分的四则运

算法则和复合函数微分法则直接求微分.

2. *微分公式的逆运算*

对于微分公式 $df(x)=f'(x)dx$，顺着用比较熟悉，但是有时候要逆着用 $f'(x)dx=df(x)$，写成一个函数的微分；那么我们需要对导数的逆运算比较熟悉，知道某个函数是可以通过哪个函数求导得到的. 例如我们知道函数 $\frac{1}{x}$，可以通过函数 $\ln x$ 求导得到，因此出现 $\frac{1}{x}dx$ 的形式，就等价于 $(\ln x)'dx$，我们就可以写成 $d(\ln x)$ 微分的形式了.

四、典型例题分析

题型一　微分的求法

例 1　已知 $f(x)=\ln(x+e^{x^2})$，求 $df(x)$.

分析：求函数的微分，可以通过先求导数，再求微分；也可以通过复合函数的微分法则，直接求微分.

解法 1　先求导数，再求微分.

$$f'(x)=[\ln(x+e^{x^2})]'=\frac{1}{x+e^{x^2}}\cdot(x+e^{x^2})'=\frac{1}{x+e^{x^2}}\cdot(1+2xe^{x^2})=\frac{1+2xe^{x^2}}{x+e^{x^2}}$$

$$df(x)=f'(x)dx=\frac{1+2xe^{x^2}}{x+e^{x^2}}dx$$

解法 2　根据复合函数的微分法则，有

$$\begin{aligned}df(x)&=d[\ln(x+e^{x^2})]=[\ln(x+e^{x^2})]'_{x+e^{x^2}}\cdot d(x+e^{x^2})\\&=\frac{1}{x+e^{x^2}}\cdot d(x+e^{x^2})=\frac{1}{x+e^{x^2}}\cdot(x+e^{x^2})'dx=\frac{1+2xe^{x^2}}{x+e^{x^2}}dx\end{aligned}$$

例 2　已知 $y=e^{2x}+x\cos 3x$，求 dy.

分析：直接利用微分的定义求解，或利用微分的四则运算法则和复合函数微分法则求解.

解法 1　先求导，再求微分.

$$\begin{aligned}y'&=(e^{2x}+x\cos 3x)'=(e^{2x})'+(x\cos 3x)'\\&=e^{2x}\cdot(2x)'+(x)'\cos 3x+x(\cos 3x)'\\&=2e^{2x}+\cos 3x+x(-3\sin 3x)=2e^{2x}+\cos 3x-3x\sin 3x\\dy&=(2e^{2x}+\cos 3x-3x\sin 3x)dx\end{aligned}$$

解法 2　根据微分的四则运算和复合函数的微分法则，有

$$\begin{aligned}dy&=d(e^{2x}+x\cos 3x)=d(e^{2x})+d(x\cos 3x)\\&=e^{2x}d(2x)+\cos 3xdx+xd(\cos 3x)\\&=e^{2x}\cdot 2dx+\cos 3xdx+x\cdot(-\sin 3x)d(3x)\\&=2e^{2x}dx+\cos 3xdx+x(-\sin 3x)\cdot 3dx\\&=(2e^{2x}+\cos 3x-3x\sin 3x)dx\end{aligned}$$

例 3　已知 $xy=y^2+\sin x$，求 dy.

分析：已知函数是隐函数，可以利用隐函数求导法则，求出隐函数的导数，再乘以 dx，求出函数的微分．或者可以在隐函数两边直接求微分，通过微分的运算法则求出 dy.

解法 1 先求出隐函数的导数，再求微分．

方程两边关于 x 求导，

$$(xy)'_x=(y^2+\sin x)'_x$$

得

$$y+xy'_x=2y\cdot y'_x+\cos x$$

$$(x-2y)y'_x=\cos x-y$$

$$y'_x=\frac{\cos x-y}{x-2y}$$

从而 $dy=\dfrac{\cos x-y}{x-2y}dx$.

解法 2 隐函数两边直接求微分

$$d(xy)=d(y^2+\sin x)$$

$$ydx+xdy=dy^2+d\sin x$$

$$ydx+xdy=2ydy+\cos xdx$$

$$(x-2y)dy=(\cos x-y)dx$$

$$dy=\frac{\cos x-y}{x-2y}dx$$

题型二　微分公式的逆用

例 4 若 $(x+1)dx=df(x)$，求 $f(x)$.

分析：根据微分的定义，$df(x)=f'(x)dx$. 从式子的右边推导到左边，首先要写成某个函数的导数的形式 $f'(x)dx$. 因此要将 $(x+1)dx$ 写成 $f'(x)dx$ 的形式．因此要熟悉导数的逆运算．

解 式子 $(x+1)$，我们容易推导出是由函数 $\left(\dfrac{1}{2}x^2+x\right)$ 求导得到的，因此 $(x+1)dx$ 可以写成 $\left(\dfrac{1}{2}x^2+x\right)'dx$ 的形式．

根据微分定义可得

$$(x+1)dx=\left(\frac{1}{2}x^2+x\right)'dx=d\left(\frac{1}{2}x^2+x\right)$$

因此得

$$f(x)=\frac{1}{2}x^2+x$$

例 5 若 $\cos 2xdx=df(x)$，求 $f(x)$.

分析：考虑到函数 $\cos 2x$，可以通过函数 $\dfrac{1}{2}\sin 2x$ 关于 x 求导得到．

解法 1 式子的左边 $\cos 2xdx$ 可以写成 $\left(\dfrac{1}{2}\sin 2x\right)'dx$ 的形式．

根据微分公式可得 $\cos 2xdx=\left(\dfrac{1}{2}\sin 2x\right)'dx=d\left(\dfrac{1}{2}\sin 2x\right)$,

由题意 $\cos 2x\mathrm{d}x = \mathrm{d}f(x)$，因此得 $f(x) = \frac{1}{2}\sin 2x$.

解法 2 可以利用复合函数的微分公式：

$$\mathrm{d}f(u) = f'(u)\mathrm{d}u$$

式子左边 $\cos 2x\mathrm{d}x = \frac{1}{2}\cos 2x\mathrm{d}2x = \frac{1}{2}(\sin 2x)'_{2x}\mathrm{d}2x$

$$= \frac{1}{2}\mathrm{d}(\sin 2x) = \mathrm{d}\left(\frac{1}{2}\sin 2x\right)$$

由题意 $\cos 2x\mathrm{d}x = \mathrm{d}f(x)$，所以有 $f(x) = \frac{1}{2}\sin 2x$.

同步练习 5

1. 单项选择题

(1) $x\mathrm{d}(x^2+1) =$ (　　).

A. $2x^2\mathrm{d}x$　　B. $x(x^2+1)\mathrm{d}x$　　C. $(2x^2+1)\mathrm{d}x$　　D. $2x\mathrm{d}x$

(2) 下列等式成立的是 (　　).

A. $(2x+8)\mathrm{d}x = \mathrm{d}(2x+8)$　　B. $\mathrm{e}^{6x}\mathrm{d}x = \mathrm{d}(\mathrm{e}^{6x})$

C. $\cos x\mathrm{d}x = \mathrm{d}(\sin x)$　　D. $\mathrm{d}(\sqrt{x}) = \frac{2}{\sqrt{x}}\mathrm{d}x$

(3) 函数 $f(x)$ 在点 a 处可导是 $f(x)$ 在点 a 处可微的 (　　).

A. 充分条件　　B. 必要条件　　C. 充要条件　　D. 无关条件

(4) $2x^2\mathrm{d}x =$ (　　) $\mathrm{d}(x^3+1)$.

A. $\frac{1}{3}$　　B. 3　　C. $\frac{4}{3}$　　D. $\frac{2}{3}$

(5) 设方程 $x+y+y^2=\cos x$ 确定为函数，$\mathrm{d}y =$ (　　).

A. $\frac{\sin x+1}{1+2y}\mathrm{d}x$　　B. $\frac{-(\sin x+1)}{1+2y}\mathrm{d}x$　　C. $\frac{-\sin x+1}{1+2y}\mathrm{d}x$　　D. $\frac{\sin x-1}{1+2y}\mathrm{d}x$

2. 填空题

(1) 已知 $y = x\ln x$，则 $\mathrm{d}y =$ ________.

(2) $\mathrm{d}(\ln x^3) =$ ________ $\mathrm{d}(x^3)$.

(3) 已知 $f(x) = (2+\ln x)^2$，则 $\mathrm{d}y =$ ________.

(4) 若 $\mathrm{d}f(x) = 0$，则 $f(x) =$ ________.

(5) $\mathrm{d}(\mathrm{e}^{2x} - \cos 2x) =$ ________.

3. 判断题

(1) 因为可导必可微，可微必可导，所以导数和微分是相同的概念.　　(　　)

(2) $\mathrm{d}f(x^3) = 3x^2f'(x^3)\mathrm{d}x$.　　(　　)

(3) $\mathrm{d}\sqrt{x} = \frac{2}{\sqrt{x}}\mathrm{d}x$.　　(　　)

4. 解答题

(1) 已知 $y=x^2e^x$，求 dy.

(2) 设 $y=e^{5x^2+1}$，求 dy.

(3) 设 $f(x)=\ln(\sin^2 x)$，求 $df(x)$.

(4) 已知 $y=\arctan e^x$，求 dy.

(5) 已知 $x^2+y^2=e^y$，求 dy.

自测题

一、单项选择题（每题3分，共30分）

1. 函数 $f(x)$ 在点 a 处连续是 $f(x)$ 在该点可导的（　　）条件.

A. 充要　　B. 充分　　C. 必要　　D. 无关

2. 设 $f(0)=0$，且 $f'(x)$ 存在，则 $\lim\limits_{x\to 0}\frac{f(x)}{x}=$（　　）.

A. $f(0)$　　B. $f'(0)$　　C. $f'(x)$　　D. 不存在

3. 若 $f'(x)=g'(x)$，则以下正确的是（　　）.

A. $f(x)=g(x)$　　B. $f(x)>g(x)$

C. $f(x)=g(x)+C$（C 为任意常数）　　D. $f(x)<g(x)$

4. 设 $f(x)=\frac{1}{4}\ln(x^2-1)$，则 $f'(2)=$（　　）.

A. $\frac{1}{3}$　　B. $\frac{1}{6}$　　C. $\frac{1}{4}$　　D. $\frac{1}{12}$

5. 若 $f(x)$ 可导，且 $\lim\limits_{h\to 0}\frac{f(a-2h)-f(a)}{h}=4$，则 $f'(a)=$（　　）.

A. -1　　B. 1　　C. -2　　D. 2

6. 函数 $f(x)=x^2-2x-1$ 在 $x=1$ 处的切线方程为（　　）.

A. $x=0$　　B. $x=-2$　　C. $y=0$　　D. $y=-2$

7. 下列等式成立的是（　　）.

A. $\sin x\,dx=d(\cos x)$　　B. $d(\sin x^3)=\cos x^3\,d(x^3)$

C. $d\left(\frac{1}{x}\right)=\ln x\,dx$　　D. $d\tan x=\frac{1}{1+x^2}dx$

8. 设 $f(x)=\sin x$，则 $(\sin x)^{(4)}=$（　　）.

A. $\sin x$　　B. $-\sin x$　　C. $\cos x$　　D. $-\cos x$

9. 已知 $f(x)=\ln(\sin^2 x+1)$，则 $\frac{df(x)}{dx}=$（　　）.

A. $\frac{1}{\sin^2 x+1}$　　B. $\frac{\cos^2 x}{\sin^2 x+1}$　　C. $\frac{\sin 2x}{\sin^2 x+1}$　　D. $\frac{2\sin x}{\sin^2 x+1}$

10. 已知 $e^x = e^y + \sin(x+y)$，则$\frac{dy}{dx}|_{x=0}$ = （　　）.

A. 0　　　B. 1　　　C. -1　　　D. 2

二、填空题（每空3分，共24分）

1. 已知$f(x)=\ln\ln x$，则$f'(x)=$________.

2. $\frac{dx}{x}=$________$d(3-5\ln x)$.

3. 已知 $y=\sqrt{1-x^2}$，$\frac{dy}{dx}=$________.

4. 已知 $y=\ln xe^x$，$dy=$________.

5. 曲线 $y=x^2-1$ 在点$(2,3)$处的切线方程为________.

6. 已知$f(x)=e^{2x-1}$，$f''(x)=$________.

7. $(x^{\sin x})'=$________.

8. 曲线 $x^2+3xy+y^2=-1$ 在点$(2,-1)$处的切线斜率为________.

三、判断题（每题2分，共6分）

1. 若函数$f(x)$可导，则$f(x)$必可微.　（　　）

2. 函数$f(x)=|x-1|$在 $x=1$ 处连续但不可导.　（　　）

3. 若 $df(x)=e^{2x}dx$，则$f(x)=2e^{2x}$.　（　　）

四、计算题（共40分）

1. 已知 $y=2^x\ln x$，求 y'.（6分）

2. 已知$f(x)=\sin\sqrt{x}$，求$\frac{df(x)}{dx}$.（6分）

3. 已知$f(x)=e^{2x}\cos 3x$，求 $df(x)$.（6分）

4. 已知 $y+y^3=\ln x$，求 dy.（6分）

5. 已知 $x^2+y^2=\sin xy$，求 y'_x 和 x'_y.（8分）

6. 已知 $y=\frac{(x+2)^3}{\sqrt{x^2+1}}$，求 y'.（8分）

同步练习参考答案

同步练习1

1. C　A　C　D　C.

2. （1）2；（2）2；（3）$y=2x-1$；（4）1，2；（5）不可导.

3. √　×　×.

4. （1）因为 $k=f'(1)=\lim\limits_{x\to1}\frac{f(x)-f(1)}{x-1}=\lim\limits_{x\to1}\frac{\frac{1}{x}-1}{x-1}=\lim\limits_{x\to1}\left(-\frac{1}{x}\right)=-1$，当 $x=1$ 时，$y=1$.

所以$f(x)$在 $x=1$ 处的切线方程：$y-1=-(x-1)$，即 $y=-x+2$.

法线方程：$y-1=(x-1)$，即 $y=x$.

（2）易知$f(0)=e^0=1$，

由于
$$\lim_{x\to 0^-}f(x)=\lim_{x\to 0^-}\sin x=0\neq f(0)$$
$$\lim_{x\to 0^+}f(x)=\lim_{x\to 0^+}e^x=1=f(0)$$

根据连续的定义，函数$f(x)$在$x=0$处不连续．又根据函数连续性与可导性的关系，不连续一定不可导．因此可知函数$f(x)$在$x=0$处不可导．

注：此题也可以根据判断左、右导数的情况来求解．

（3）易知$f(1)=3-1=2$，

$$f'_-(1)=\lim_{x\to 1^-}\frac{f(x)-f(1)}{x-1}=\lim_{x\to 1^-}\frac{x^2+1-2}{x-1}=\lim_{x\to 1^-}\frac{x^2-1}{x-1}=\lim_{x\to 1^-}(x+1)=2$$

$$f'_+(1)=\lim_{x\to 1^+}\frac{f(x)-f(1)}{x-1}=\lim_{x\to 1^+}\frac{3x-1-2}{x-1}=\lim_{x\to 1^+}\frac{3(x-1)}{x-1}=\lim_{x\to 1^+}3=3$$

因为$f'_-(1)\neq f'_+(1)$，所以$f'(1)$不存在．

（4）易知$f(0)=0$，

由于$\lim\limits_{x\to 0}f(x)=\lim\limits_{x\to 0}x\sin\dfrac{1}{x}=0=f(0)$；

因此函数$f(x)$在$x=0$处连续．

$$f'(0)=\lim_{x\to 0}\frac{f(x)-f(0)}{x-0}=\lim_{x\to 0}\frac{x\sin\frac{1}{x}-0}{x-0}=\lim_{x\to 0}\sin\frac{1}{x}\text{ 极限不存在．}$$

所以函数$f(x)$在$x=0$处不可导．

综上所述，函数$f(x)$在$x=0$处连续，但不可导．

同步练习 2

1. C　C　B　B　A.

2. （1）$\sec^2 x$；（2）$2\cos x+3^x\ln 3$；（3）$e^x(\cos x-\sin x)$；（4）0；（5）$4(1+2x)$.

3. √　×　×.

4. （1）$f'(x)=(\arcsin x+2^x-\sin 3)'=\dfrac{1}{\sqrt{1-x^2}}+2^x\ln 2$；

（2）$f'(x)=(x^3-x\sqrt{x})'=(x^3)'-(x^{\frac{3}{2}})'=3x^2-\dfrac{3}{2}x^{\frac{1}{2}}=3x^2-\dfrac{3}{2}\sqrt{x}$，

$$f'(1)=\left(3x^2-\frac{3}{2}\sqrt{x}\right)\Big|_{x=1}=\frac{3}{2};$$

（3）$f'(x)=(x^3\ln x)'=(x^3)'\cdot\ln x+x^3\cdot(\ln x)'=3x^2\ln x+x^2=x^2(1+3\ln x)$；

（4）$f'(x)=\left(\dfrac{x-1}{x}\right)'=\dfrac{(x-1)'\cdot x-(x-1)\cdot x'}{x^2}=\dfrac{1}{x^2}$；

（5）$f'(x)=\left(\sqrt{x\sqrt{x}}\right)'=(x^{\frac{3}{4}})'=\dfrac{3}{4}x^{-\frac{1}{4}}=\dfrac{3}{4\cdot\sqrt[4]{x}}$.

同步练习3

1. D C A D B B.

2. (1) $-2x\sin(x^2-1)$; (2) $\sin 2x$; (3) 3; (4) $\frac{1}{3x}$; (5) 2.

3. × × √.

4. (1) $y'=[(2x+3)^{10}]'=10(2x+3)^9\cdot(2x+3)'=20(2x+3)^9$;

(2) $\frac{\mathrm{d}y}{\mathrm{d}x}=\frac{\mathrm{d}\ln(1-x^2)}{\mathrm{d}x}=\frac{\mathrm{d}\ln(1-x^2)}{\mathrm{d}(1-x^2)}\cdot\frac{\mathrm{d}(1-x^2)}{\mathrm{d}x}=\frac{1}{1-x^2}\cdot(-2x)=\frac{-2x}{1-x^2}$;

(3) $f'(x)=(\ln\sin x^3)'=(\ln\sin x^3)'_{\sin x^3}\cdot(\sin x^3)'_{x^3}\cdot(x^3)'_x$

$=\frac{1}{\sin x^3}\cdot\cos x^3\cdot 3x^2=3x^2\cot x^3$;

(4) $f[\varphi(x)]=\sin x^2$,

$f'[\varphi(x)]=\{f[\varphi(x)]\}'_{\varphi(x)}=(\sin x^2)'_{x^2}=\cos x^2$,

$\{f[\varphi(x)]\}'=\{f[\varphi(x)]\}'_x=(\sin x^2)'_x=\cos x^2\cdot(x^2)'=2x\cos x^2$;

(5) $y'=[\cos(\mathrm{e}^{2x}+x^3)]'=[\cos(\mathrm{e}^{2x}+x^3)]'_{\mathrm{e}^{2x}+x^3}\cdot(\mathrm{e}^{2x}+x^3)'_x$

$=-\sin(\mathrm{e}^{2x}+x^3)\cdot(2\mathrm{e}^{2x}+3x^2)$.

同步练习4

1. B D C B C.

2. (1) $\frac{1-\cos(x+y)}{\cos(x+y)}$; (2) $\frac{\mathrm{e}^y}{1-x\mathrm{e}^y}$; (3) -1; (4) $\frac{1}{2x}$; (5) -1.

3. √ × ×.

4. (1) 方程 $y\mathrm{e}^x+\sin 2x-8=0$ 两边关于 x 求导，得

$$y'_x\cdot\mathrm{e}^x+y\mathrm{e}^x+2\cos 2x=0$$

$$y'_x\cdot\mathrm{e}^x=-(y\mathrm{e}^x+2\cos 2x)$$

$$y'_x=\frac{-(y\mathrm{e}^x+2\cos 2x)}{\mathrm{e}^x}$$

(2) 方程 $\sin xy=x+y^2$ 两边关于 y 求导，得

$$(\sin xy)'_y=(x+y^2)'_y$$

$$\cos(xy)(xy)'_y=(x'_y+2y)$$

$$\cos(xy)(x'_y\cdot y+x)=(x'_y+2y)$$

$$y\cos(xy)\cdot x'_y\cdot+x\cos(xy)=x'_y+2y$$

$$[y\cos(xy)-1]\cdot x'_y=2y-x\cos(xy)$$

$$x'_y=\frac{2y-x\cos(xy)}{y\cos(xy)-1}$$

(3) 方程 $y=(1+x)^x$ 两边取对数，$\ln y=x\ln(1+x)$.

方程 $\ln y=x\ln(1+x)$ 两边关于 x 求导，得

$$\frac{1}{y}y'_x=(x)'_x\cdot\ln(1+x)+x\cdot[\ln(1+x)]'_x$$

$$\frac{1}{y}y_x' = \ln(1+x) + x \cdot \frac{1}{1+x}$$

$$y_x' = (1+x)^x \cdot \left[\ln(1+x) + \frac{x}{1+x}\right]$$

(4)
$$f'(x) = [\ln(1-x)]' = \frac{-1}{1-x}$$

$$f''(x) = \left(\frac{-1}{1-x}\right)' = -\frac{1'(1-x)-(1-x)'}{(1-x)^2} = \frac{-1}{(1-x)^2}$$

$$f''(0) = \frac{-1}{(1-0)^2} = -1$$

(5) 函数 $y = \frac{x(x+3)^2}{\sqrt[3]{1+x}}$两边取对数，

化简得 $\ln|y| = \ln|x| + 2\ln|x+3| - \frac{1}{3}\ln|1+x|$；

式子两边关于 x 求导，得

$$\frac{1}{y} \cdot y' = \frac{1}{x} + \frac{2}{x+3} - \frac{1}{3(1+x)}$$

$$y' = \frac{x(x+3)^2}{\sqrt[3]{1+x}} \cdot \left[\frac{1}{x} + \frac{2}{x+3} - \frac{1}{3(1+x)}\right]$$

同步练习 5

1. A　C　C　D　B.

2. (1) $(1+\ln x)\mathrm{d}x$；(2) $\frac{1}{x^3}$；(3) $\frac{2(2+\ln x)}{x}\mathrm{d}x$；(4) C(C 为常数)；

(5) $2(\mathrm{e}^{2x} + \sin 2x)\mathrm{d}x$.

3. ×　√　×.

4. (1) $y' = (x^2\mathrm{e}^x)' = 2x\mathrm{e}^x + x^2\mathrm{e}^x = \mathrm{e}^x(2x+x^2)$，$\mathrm{d}y = \mathrm{e}^x(2x+x^2)\mathrm{d}x$；

(2) $\mathrm{d}y = \mathrm{d}(\mathrm{e}^{5x^2+1}) = (\mathrm{e}^{5x^2+1})'_{5x^2+1} \cdot \mathrm{d}(5x^2+1) = \mathrm{e}^{5x^2+1} \cdot 10x\mathrm{d}x = 10x\mathrm{e}^{5x^2+1}\mathrm{d}x$；

(3) $y' = (\ln\sin^2 x)' = (\ln\sin^2 x)'_{\sin^2 x} \cdot (\sin^2 x)'_{\sin x} \cdot (\sin x)'_x$

$= \frac{1}{\sin^2 x} \cdot 2\sin x \cdot \cos x = 2\cot x$,

$\mathrm{d}y = 2\cot x\mathrm{d}x$；

(4) $\mathrm{d}y = \mathrm{d}(\arctan \mathrm{e}^x) = (\arctan \mathrm{e}^x)'_{\mathrm{e}^x} \cdot \mathrm{d}(\mathrm{e}^x) = \frac{1}{1+(\mathrm{e}^x)^2} \cdot \mathrm{e}^x\mathrm{d}x = \frac{\mathrm{e}^x}{1+(\mathrm{e}^x)^2}\mathrm{d}x$；

(5) 隐函数两边直接求微分

$$\mathrm{d}(x^2+y^2) = \mathrm{d}\mathrm{e}^y$$

$$2x\mathrm{d}x + 2y\mathrm{d}y = \mathrm{e}^y\mathrm{d}y$$

$$(\mathrm{e}^y - 2y)\mathrm{d}y = 2x\mathrm{d}x$$

$$\mathrm{d}y = \frac{2x\mathrm{d}x}{\mathrm{e}^y - 2y}$$

自测题参考答案

1. C　B　C　A　C　D　B　A　C　A.

二、1. $\dfrac{1}{x\ln x}$.　2. $-\dfrac{1}{5}$.　3. $\dfrac{-x}{\sqrt{1-x^2}}$.　4. $\left(\dfrac{e^x}{x}+\ln x e^x\right)dx$.

5. $y=4x-5$.　6. $4e^{2x-1}$.　7. $x^{\sin x}\left(\cos x\ln x+\dfrac{\sin x}{x}\right)$.　8. $-\dfrac{1}{4}$.

三、√　√　×.

四、1. $y'=(2^x\ln x)'=(2^x)'\ln x+2^x(\ln x)'=\ln 2\cdot 2^x\ln x+\dfrac{2^x}{x}$.

2. $\dfrac{df(x)}{dx}=\dfrac{d\sin\sqrt{x}}{dx}=\dfrac{d\sin\sqrt{x}}{d\sqrt{x}}\cdot\dfrac{d\sqrt{x}}{dx}=\cos\sqrt{x}\cdot\dfrac{1}{2\sqrt{x}}=\dfrac{\cos\sqrt{x}}{2\sqrt{x}}$.

3. $f'(x)=(e^{2x}\cos 3x)'=(e^{2x})'\cos 3x+e^{2x}(\cos 3x)'$

$$=2e^{2x}\cos 3x+e^{2x}(-3\sin 3x)=e^{2x}(2\cos 3x-3\sin 3x)$$

$$df(x)=e^{2x}(2\cos 3x-3\sin 3x)dx$$

4. 隐函数两边直接求微分：

$$d(y+y^3)=d\ln x$$

$$dy+3y^2dy=\frac{1}{x}dx$$

$$dy=\frac{dx}{x(1+3y^2)}$$

5. 隐函数两边关于 x 求导：

$$(x^2+y^2)_x'=(\sin xy)_x'$$

$$2x+2y\cdot y_x'=\cos(xy)\cdot(y+xy_x')$$

$$[2y-x\cos(xy)]y'_x=y\cos(xy)-2x$$

$$y_x'=\frac{y\cos(xy)-2x}{2y-x\cos(xy)}$$

$$x_y'=\frac{1}{y_x'}=\frac{2y-x\cos(xy)}{y\cos(xy)-2x}$$

6. 函数 $y=\dfrac{(x+2)^3}{\sqrt{x^2+1}}$两边取对数，化简得

$$\ln|y|=3\ln|x+2|-\frac{1}{2}\ln(x^2+1)$$

式子两边关于 x 求导，得

$$\frac{1}{y}\cdot y'=\frac{3}{x+2}-\frac{x}{(x^2+1)}$$

$$y'=\frac{(x+2)^3}{\sqrt{x^2+1}}\cdot\left[\frac{3}{x+2}-\frac{x}{(x^2+1)}\right]$$

第5章 中值定理与导数应用

一、基本要求

（1）理解罗尔定理、拉格朗日中值定理、柯西中值定理及其几何意义，会用定理的结论解决一些问题．如证明方程根的存在性、证明不等式等．

（2）掌握洛必达法则的条件和结论，熟练运用洛必达法则求未定式的极限．

（3）理解函数的单调性、极值、最大值和最小值的概念，熟练掌握求函数的单调区间和极值的方法，掌握判断函数的单调增减性，掌握求函数最大值和最小值的方法，并会求实际问题的最大值或最小值．

二、知识网络图

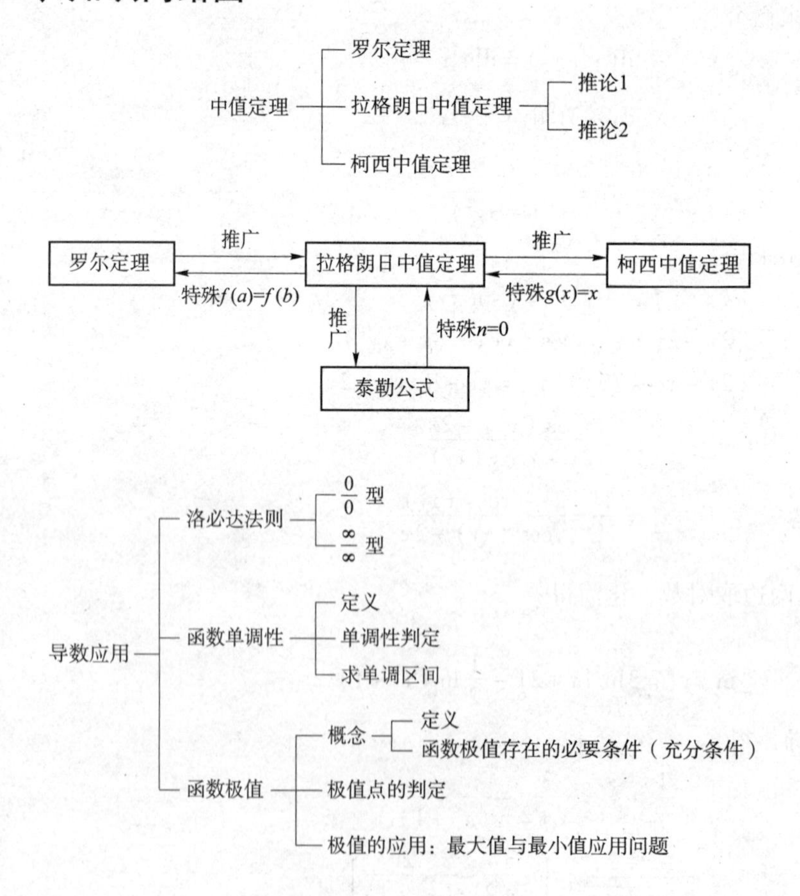

5.1 中值定理

一、知识要点

1. 罗尔定理

定理 1 （罗尔定理）

如果函数 $f(x)$ 满足以下条件

(1) 在闭区间 $[a,b]$ 上连续；

(2) 在开区间 (a,b) 内可导；

(3) $f(a)=f(b)$.

则在 (a,b) 内至少存在一点 $\xi(a<\xi<b)$，使得 $f'(\xi)=0$.

几何意义：如果端点纵坐标相等的连续曲线，除端点处处具有不与 x 轴垂直的切线，那么该曲线上至少存在一点，使得该点的切线平行于 x 轴（见图 5－1）.

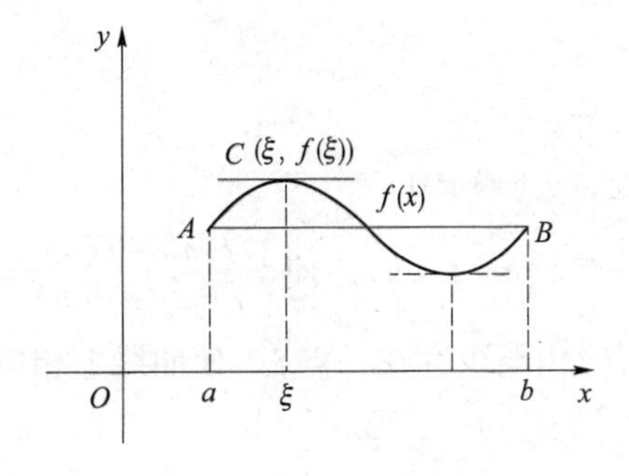

图 5－1

2. 拉格朗日中值定理

定理 2 （拉格朗日中值定理）

如果函数 $y=f(x)$ 满足以下条件：

(1) 在闭区间 $[a,b]$ 上连续；

(2) 在开区间 (a,b) 内可导.

则在 (a,b) 内至少存在一点 $\xi(a<\xi<b)$，使得 $f(b)-f(a)=f'(\xi)(b-a)$，即

$$f'(\xi)=\frac{f(b)-f(a)}{(b-a)}$$

几何意义：如果连续曲线 $f(x)$ 除端点外，处处具有不垂直于 x 轴的切线，那么曲线上除端点外至少有一点，它的切线平行于割线 AB（见图 5－2）.

推论 1 如果函数 $f(x)$ 在区间 I 上的导数恒为零，那么 $f(x)$ 在区间 I 上是一个常数.

推论 1 的几何意义：如果曲线的切线斜率恒为零，则此曲线必定是一条平行于 x 轴的直线.

推论 2 如果函数 $f(x)$ 与 $g(x)$ 在区间 I 上恒有 $f'(x)=g'(x)$，则在区间 I 上有 $f(x)=$

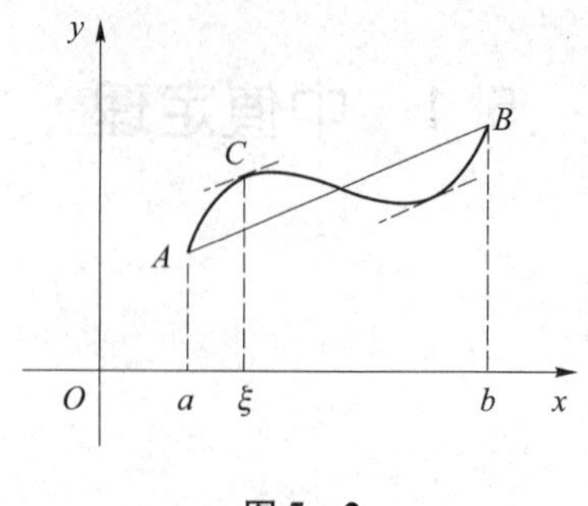

图 5－2

$g(x)+C$（C 为常数）．

推论 2 告诉我们：如果两个函数在区间 I 上导数处处相等，那么这两个函数在区间 I 上至少相差一个常数．

3. 柯西中值定理

定理 3（柯西中值定理）

如果函数 $f(x)$ 及 $g(x)$ 满足

（1）在闭区间 $[a,b]$ 上连续；

（2）在开区间 (a,b) 内可导；

（3）在 (a,b) 内每一点处，$g'(x)\neq 0$．

则在 (a,b) 内至少存在一点 $\xi(a<\xi<b)$，使得 $\dfrac{f(a)-f(b)}{g(a)-g(b)}=\dfrac{f'(\xi)}{g'(\xi)}$．（柯西公式）

几何意义：在开区间 (a,b) 内至少存在一点 ξ，使曲线上相应于 $x=\xi$ 处的 C 点的切线与割线 AB 平行（见图 5－3）．

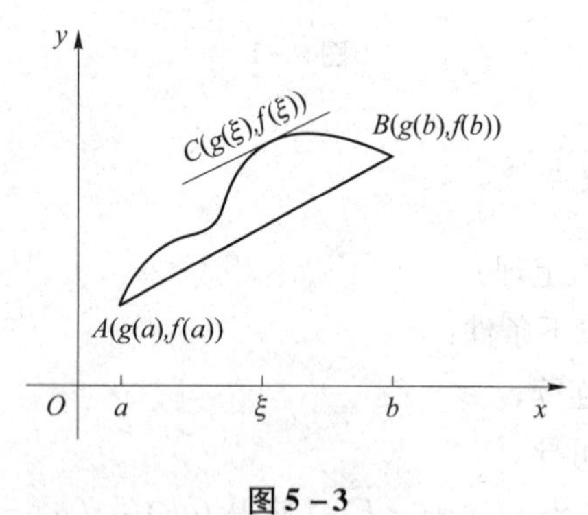

图 5－3

拉格朗日中值定理是柯西中值定理的特殊情况．当取 $g(x)=x$ 时，柯西中值定理就变成拉格朗日中值定理了．所以柯西中值定理又称为广义中值定理．

二、重难点分析

罗尔定理、拉格朗日中值定理是本节的重点，定理的证明和应用是本节难点．理解中值定理注意以下几方面：

（1）微分中值定理揭示了函数与其导数之间的内在联系，它们是利用导数研究函数的理论根据，其中拉格朗日中值定理为核心，罗尔定理是它的特殊情形，而柯西中值定理是它的推广．

（2）三个中值定理具有以下共性：

① 建立了函数在一个区间上的增量（整体性）与函数在该区间内某点处的导数（局部性）之间的联系，从而使导数成为研究函数性态的工具．

② 它们都只是中值ξ的存在性定理且定理本身未提供ξ在区间内的准确位置，而仅显示ξ介于区间的两个端点a与b之间，注意不能将中值理解为区间的中点$\frac{a+b}{2}$．一般来讲，除了较简单的函数能求出中值ξ的精确值外，通常ξ的值很难确定，但它的存在性在理论和实际中仍有广泛的应用．

③ 中值定理的条件都是充分而非必要的．这就是说，当条件满足时，结论一定成立；但当条件不满足时，结论也可能成立．

④ 如果用条件“$f(x)$在$[a,b]$上可导”去代替条件“$f(x)$在(a,b)内可导”，定理的结论仍然成立，但适用范围将相应缩小，如$f(x)=\sqrt{1-x^2}$在$[-1,1]$上满足罗尔定理条件，故存在$\xi=0\in(-1,1)$，$f'(\xi)=0$，但$f'(x)=\frac{-x}{\sqrt{1-x^2}}$在$x=\pm1$都不存在．

⑤罗尔定理、拉格朗日中值定理、柯西中值定理三个定理具有相同的几何意义：对于(a,b)内处处有非垂直切线的曲线$y=f(x)$来说，其上至少有一点处的切线与连接两个端点$A(a,f(a))$与$B(b,f(b))$的弦$\overline{AB}$平行．

（3）通常称拉格朗日中值定理的结论为拉格朗日中值公式，常用的拉格朗日中值公式有下列形式：

①$f'(\xi)=\frac{f(b)-f(a)}{b-a}$（$\xi$介于$a$与$b$之间）；

②$f(b)-f(a)=f'(\xi)(b-a)$（ξ介于a与b之间）；

③$f(b)-f(a)=f'[a+\theta(b-a)](b-a)(0<\theta<1)$；

④$f(x+\Delta x)-f(x)=f'(\xi)\Delta x$（$\xi$介于$x$与$x+\Delta x$之间）；

⑤$f(x+\Delta x)-f(x)=f'[x+\theta(x)\Delta x]\Delta x(0<\theta(x)<1)$；

⑥$f(x+h)-f(x)=hf'(x+\theta h)(0<\theta<1)$；

⑦$f'(\xi)=\frac{f(x_2)-f(x_1)}{x_2-x_1}$（$\xi$介于$x_1$与$x_2$之间）．

其中，$x,x+\Delta x,x+h\in[a,b]$，x_1,x_2是(a,b)内任意两点且$x_1\neq x_2$．

三、解题方法技巧

（1）利用中值定理证明中值ξ的存在性，关键在于确定要对什么函数，什么区间，用什么定理来证明．一般应分析题目中所给函数$f(x)$的条件，如果仅有连续性条件，那么就利用闭区间上连续函数的性质，而不能用微分中值定理；如果有可导条件，则考虑用微分中值定理；若只有一阶可导的条件，则大多数条件下应用拉格朗日中值定理或罗尔定理；若有高阶导数的条件，则考虑多次应用罗尔定理或拉格朗日中值定理；若与两个函数有关，则用柯西中值定理.

（2）证明方程根的唯一性常用反证法或借助函数的单调性.

四、经典题型详解

题型一　验证三个中值定理的正确性

注：罗尔定理、拉格朗日中值定理、柯西中值定理中的点 ξ 是开区间内的某一点，而非区间内任意点或指定一点，换言之，这三个中值定理都仅“定性”地指出了中值点的存在性，而非“定量”地指明具体数值和个数，只肯定了有 ξ 存在，而未指明如何确定该点.

验证中值定理正确与否，其解题步骤为：先验证所论定理的条件是否全部满足；当条件满足时，再求出定理结论中的 ξ 值.

例 1　对函数 $f(x)=x^2(1-x)$ 在区间 $[0,1]$ 上验证罗尔定理的正确性.

分析：先验证函数是否满足罗尔定理的三个条件，再尝试寻求函数在区间 $(0,1)$ 内导数为零的点.

解　因为函数 $f(x)=x^2(1-x)$ 为初等函数，所以 $f(x)$ 在区间 $[0,1]$ 上连续，又因为 $f'(x)=2x-3x^2$ 在 $(0,1)$ 内处处有意义，所以 $f(x)$ 在 $(0,1)$ 内可导，且 $f(0)=f(1)=0$，因此满足罗尔定理的三个条件，在 $(0,1)$ 内存在一点 $\xi=\frac{2}{3}$，使得 $f'\left(\frac{2}{3}\right)=(2x-3x^2)\big|_{x=\frac{2}{3}}=0$.

例 2　验证函数 $f(x)=x^2+2x+3$ 在 $[1,3]$ 上满足拉格朗日中值定理条件，并由结论求 ξ 的值.

分析：先验证函数是否满足拉格朗日中值定理的条件，再在区间 $(1,3)$ 内寻求点 ξ，使其满足拉格朗日中值定理的结论.

解　因为函数 $f(x)=x^2+2x+3$ 为初等函数，所以 $f(x)$ 在区间 $[1,3]$ 上连续，又因为 $f'(x)=2x+2$ 在 $[1,3]$ 内处处有意义，所以 $f(x)$ 在 $[1,3]$ 内可导，满足拉格朗日中值定理的条件，因此至少存在一点 ξ，使得

$$f(3)-f(1)=f'(\xi)(3-1),1<\xi<3$$

即 $18-6=2(2x+2)\big|_{x=\xi}=2(2\xi+2)$，解得 $\xi=2$.

题型二　利用中值定理及推论证明等式

例 3　已知函数 $f(x)$ 在闭区间 $[0,a]$ 上连续，在开区间 $(0,a)$ 内可导，且 $f(a)=0$，证明：至少存在一点 $\xi\in(0,a)$，使得 $f(\xi)+\xi f'(\xi)=0$.

分析：根据罗尔定理的结论，需要将 $f(\xi)+\xi f'(\xi)=0$ 凑成某个函数的导数在点 ξ 的值. 根据经验，表达式 $f(\xi)+\xi f'(\xi)=0$ 应该是 $f(x)$ 与 x 乘积的导数经过化简得到的.

证　构造辅助函数 $F(x)=xf(x)$.

因为函数 $F(x)=xf(x)$ 为初等函数，$f(x)$ 在闭区间 $[0,a]$ 上连续，所以 $F(x)$ 在区间 $[0,a]$ 上连续；又因为 $f(x)$ 在开区间 $(0,a)$ 内可导，$F'(x)=f(x)+xf'(x)$ 在 $[0,a]$ 内处处有意义，所以 $F(x)$ 在 $[0,a]$ 内可导，且 $F(0)=F(a)=0$，因此函数 $F(x)$ 在区间 $[0,a]$ 上满足罗尔定理的条件，故至少存在一点 $\xi\in(0,a)$，使得 $F'(\xi)=f(\xi)+\xi f'(\xi)=0$. 因此有 $f(\xi)+\xi f'(\xi)=0$，结论得证.

例4 已知函数$f(x)$在闭区间$[a,b]$上连续，在开区间(a,b)内可导，且$f(a)=f(b)$，证明：至少存在一点$\xi\in(a,b)$，使得$f(\xi)+\xi f'(\xi)=f(a)$.

分析：将等式左端凑成某个函数的导数，然后根据已知条件将右端变形，向拉格朗日中值定理的结论靠近.

证 构造辅助函数$F(x)=xf(x)$.

因为函数$F(x)=xf(x)$为初等函数，$f(x)$在闭区间$[a,b]$上连续，所以$F(x)$在区间$[a,b]$上连续；又因为$f(x)$在开区间(a,b)内可导，$F'(x)=f(x)+xf'(x)$在$[a,b]$上处处有意义，所以$F(x)$在(a,b)内可导，因此函数$F(x)$在区间$[a,b]$上满足拉格朗日中值定理的条件，因此有$F(b)-F(a)=F'(\xi)(b-a)\ (a<\xi<b)$，即

$$\frac{bf(b)-af(a)}{b-a}=[f(x)+xf'(x)]\big|_{x=\xi}=f(\xi)+\xi f'(\xi)$$

由于$f(a)=f(b)$，得到$f(\xi)+\xi f'(\xi)=f(a)$.

题型三 利用中值定理证明不等式

例5 证明：当$x>0$时，成立不等式

$$\frac{1}{x+1}<\ln\left(1+\frac{1}{x}\right)<\frac{1}{x}$$

分析：注意到$x>0$时$\ln\left(1+\frac{1}{x}\right)=\ln(1+x)-\ln x$，则对$f(t)=\ln t$在区间$[x,1+x]$上有

$$f(1+x)-f(x)=\ln(1+x)-\ln x$$

故利用拉格朗日定理证明.

证明 令$f(t)=\ln t$，则$f(t)$在$[x,1+x]\ (x>0)$上满足拉格朗日定理条件，从而有

$$f(1+x)-f(x)=f'(\xi)(1+x-x)\quad(0<x<\xi<1+x)$$

即
$$\ln(1+x)-\ln x=\frac{1}{\xi}$$

因为$0<x<\xi<1+x$，所以$\frac{1}{1+x}<\frac{1}{\xi}<\frac{1}{x}$，代入上式得

$$\frac{1}{1+x}<\ln(1+x)-\ln x<\frac{1}{x}$$

即
$$\frac{1}{x+1}<\ln\left(1+\frac{1}{x}\right)<\frac{1}{x}\ (x>0)$$

同步练习1

1. 单项选择题

(1) 罗尔定理中的三个条件：$f(x)$在$[a,b]$上连续，在(a,b)内可导，且$f(a)=f(b)$，是$f(x)$在(a,b)内至少存在一点ξ，使$f'(\xi)=0$成立的（ ）.

A. 必要条件　　B. 充分条件

C. 充要条件　　D. 既非充分也非必要条件

（2）函数 $y=-x^2$ 在区间 $(0,1)$ 内满足罗尔定理的 $\xi=$（　　）.

A. 0　　B. $\frac{1}{3}$　　C. $\frac{1}{2}$　　D. 1

（3）函数 $f(x)=x^3+2x$ 在区间 $[-1,2]$ 上，满足拉格朗日中值定理的 ξ 值是（　　）.

A. 1　　B. -1　　C. 1 或 -1　　D. 2

（4）下列函数在给定区间上满足拉格朗日中值定理条件的有（　　）.

A. $y=\frac{x}{1+x^2}$，$[-1,1]$　　B. $y=\frac{|x|}{x}$，$[-1,1]$

C. $y=|x|$，$[-2,2]$　　D. $y=\begin{cases} x+1, & -1\leqslant x<0 \\ x^2+1, & 0\leqslant x\leqslant 1 \end{cases}$

（5）若 $f(x)$ 在 (a,b) 内可导，且 x_1、x_2 是 (a,b) 内任意两点，则至少存在一点 ξ，使下式成立（　　）.

A. $f(x_2)-f(x_1)=(x_1-x_2)f'(\xi),\xi\in(a,b)$

B. $f(x_1)-f(x_2)=(x_1-x_2)f'(\xi),\xi$ 在 x_1,x_2 之间

C. $f(x_1)-f(x_2)=(x_2-x_1)f'(\xi),x_1<\xi<x_2$

2. 填空题

（1）函数 $y=x^2+100$ 在 $[-1,1]$ 上满足罗尔定理条件的 $\xi=$________.

（2）$f(x)=x^2+x-1$ 在区间 $[-1,1]$ 上满足拉格朗日中值定理的中值 $\xi=$______.

（3）函数 $f(x)=x,g(x)=\sqrt{x}$，在 $x\in(0,1)$ 内满足柯西中值定理的点是 $\xi=$______.

（4）设 $f(x)=x(x^2-1)\cdot(x-4)$，则 $f'(x)=0$ 有______个根.

（5）函数 $f(x)=\sin x$ 在 $[1,2]$ 上满足拉格朗日定理条件的 $\xi=$__________.

3. 判断题

（1）$f(x)$ 定义在 $[a,b]$ 上，在 (a,b) 内可导，则必存在一点 $\xi\in(a,b)$，使得 $f'(\xi)=0$.（　　）

（2）$f(x)$ 在 $[a,b]$ 可导，则必存在一点 $\xi\in(a,b)$，使得 $f(b)-f(a)=f'(\xi)(b-a)$.（　　）

（3）如果函数 $f(x)$ 与 $g(x)$ 在区间 I 上恒有 $f'(x)=g'(x)$，则在区间 I 上有 $f(x)=g(x)$.（　　）

4. 解答证明题

（1）下列函数在给定区间上是否满足罗尔定理的所有条件？如满足，请求出满足定理的数值 ξ.

$$f(x)=x\sqrt{3-x},[0,3]$$

（2）不用求出函数 $f(x)=(x-1)(x-2)(x-3)(x-4)$ 的导数，说明方程 $f'(x)=0$ 有几个实根，并指出它们所在的区间；

（3）证明不等式：当 $x>0$ 时，$\ln\left(1+\frac{1}{x}\right)>\frac{1}{1+x}$.

5.2 洛必达法则

一、知识要点

1. $\dfrac{0}{0}$型未定式

定理1 设

（1）当 $x\to a$ 时，函数$f(x)$及$g(x)$都趋于零；

（2）在点 a 的某去心邻域内，$f'(x)$及$g'(x)$都存在且$g'(x)\neq 0$；

（3）$\lim\limits_{x\to a}\dfrac{f'(x)}{g'(x)}$存在（或为无穷大）.

则$\lim\limits_{x\to a}\dfrac{f(x)}{g(x)}=\lim\limits_{x\to a}\dfrac{f'(x)}{g'(x)}$.

注：对于当 $x\to\infty$时的$\dfrac{0}{0}$型未定式，只须作简单变换 $z=\dfrac{1}{x}$就可以化为定理1的情形.

2. $\dfrac{\infty}{\infty}$型未定式

定理2 设

（1）当 $x\to a$ 时，函数$f(x)$及$g(x)$都趋于∞；

（2）在点 a 的某去心邻域内，$f'(x)$及$g'(x)$都存在且$g'(x)\neq 0$；

（3）$\lim\limits_{x\to a}\dfrac{f'(x)}{g'(x)}$存在（或为无穷大）.

则$\lim\limits_{x\to a}\dfrac{f(x)}{g(x)}=\lim\limits_{x\to a}\dfrac{f'(x)}{g'(x)}$.

注：对于求当 $x\to\infty$时的$\dfrac{\infty}{\infty}$型未定式，只须作简单变换 $z=\dfrac{1}{x}$就可以化为定理2的情形.同样可以用定理2的方法.

洛必达法则的意义：当满足洛必达法则的条件时，求$\dfrac{0}{0}$型未定式$\dfrac{f(x)}{g(x)}$的极限可以转化为求导数之比$\dfrac{f'(x)}{g'(x)}$的极限，使求极限达到化难为易的效果.

3. 其他类型的未定式

$\dfrac{0}{0}$型和$\dfrac{\infty}{\infty}$型是两种最基本的未定式，除此之外，还有$0\cdot\infty,\infty-\infty,1^{\infty},\infty^{0}$和$0^{0}$等类型未定式，这些未定式都可以通过适当的变形化为$\dfrac{0}{0}$型或$\dfrac{\infty}{\infty}$型，然后再应用洛必达法则.

二、重难点分析

用洛必达法则求解$\frac{0}{0}$型或$\frac{\infty}{\infty}$型的未定式是本节的重点，求解诸如$\infty-\infty$，$0\cdot\infty$，1^{∞}，0^0，∞^0等这些类型的未定式是本节的难点．学习洛必达法则应注意以下几个问题：

（1）洛必达法则仅仅用于$\frac{0}{0}$型和$\frac{\infty}{\infty}$型未定式．

（2）如果$\lim\frac{f'(x)}{g'(x)}$不存在（不包括∞），不能断言$\lim\frac{f(x)}{g(x)}$不存在，只能说明洛必达法则在此失效，应采用其他方法求极限．

（3）诸如$0\cdot\infty$，$\infty-\infty$，0^0，1^{∞}，∞^0也叫未定型，要转化为$\frac{0}{0}$型或$\frac{\infty}{\infty}$型之后，才可用洛必达法则求极限．

（4）洛必达法则求极限与其他方法求极限在同一题中可交替使用．

（5）有时要连续用几次洛必达法则，但每一次都要验证是否是$\frac{0}{0}$型或$\frac{\infty}{\infty}$型．

三、解题方法技巧

求解诸如$0\cdot\infty$，$\infty-\infty$，0^0，1^{∞}，∞^0型的未定式极限，要转化为$\frac{0}{0}$型或$\frac{\infty}{\infty}$型之后，才可用洛必达法则求极限．转化思路如下：

$0\cdot\infty$型转化为$\frac{1}{\infty}\cdot\infty$型或$0\cdot\frac{1}{0}$型．

$\infty-\infty$可通分转化为$\frac{0}{0}$型或$\frac{\infty}{\infty}$型．

0^0型转化为$e^{\ln 0^0}=e^{0\cdot\ln 0}$，其中指数是$0\cdot\infty$型．

1^{∞}型转化为$e^{\ln 1^{\infty}}=e^{\infty\cdot\ln 1}$，其中指数是$\infty\cdot 0$．

∞^0型转化为$e^{\ln\infty^0}=e^{0\ln\infty}$，其中指数是$0\cdot\infty$型．

四、经典题型详解

题型一　利用洛必达法则求极限

例1　求下列极限：

（1）$\lim\limits_{x\to 0}\frac{x-\sin x}{x-\tan x}$；（2）$\lim\limits_{x\to 0}\frac{\ln\sin 2x}{\ln\tan 3x}$；（3）$\lim\limits_{x\to 0}\left(\frac{1}{x}-\frac{1}{\sin x}\right)$；

（4）$\lim\limits_{x\to+\infty}\left[x\left(\frac{\pi}{2}-\arctan x\right)\right]$；（5）$\lim\limits_{x\to 0}(\cos x)^{\frac{1}{x^2}}$；（6）$\lim\limits_{x\to 0}\left(\frac{1}{\sin x}\right)^{\tan x}$．

分析：根据前面介绍的方法，将所有未定式先转化为$\frac{0}{0}$型或$\frac{\infty}{\infty}$型未定式，然后与其他方法结合使用洛必达法则计算．

解 (1) 该未定式属于$\frac{0}{0}$型，直接用洛必达法则，解题过程结合用等价无穷小替换.

$$\text{原式}=\lim_{x\to0}\frac{(x-\sin x)'}{(x-\tan x)'}=\lim_{x\to0}\frac{1-\cos x}{1-\sec^2 x}=\lim_{x\to0}\frac{\sin x}{-2\sec^2 x\tan x}$$

$$=\lim_{x\to0}\frac{x}{-2\sec^2 x\cdot x}=\lim_{x\to0}\frac{1}{-2\sec^2 x}=-\frac{1}{2}$$

(2) 该未定式属于$\frac{\infty}{\infty}$型，直接用洛必达法则.

$$\text{原式}=\lim_{x\to0}\frac{(\ln\sin 2x)'}{(\ln\tan 3x)'}=\lim_{x\to0}\frac{2\cos 2x\tan 3x}{3\sec^2 3x\sin 2x}=\lim_{x\to0}\frac{2\times3x}{3\times2x}=1$$

(3) 该未定式属于$\infty-\infty$型，先通分化为$\frac{0}{0}$型，然后用洛必达法则.

$$\lim_{x\to0}\left(\frac{1}{x}-\frac{1}{\sin x}\right)=\lim_{x\to0}\frac{\sin x-x}{x\sin x}=\lim_{x\to0}\frac{\sin x-x}{x^2}=\lim_{x\to0}\frac{(\sin x-x)'}{(x^2)'}$$

$$=\lim_{x\to0}\frac{\cos x-1}{2x}=\lim_{x\to0}\frac{-\sin x}{2}=0$$

(4) 该未定式属于$0\cdot\infty$型，先把$0\cdot\infty$转化为$\frac{0}{0}$型，用洛必达法则.

$$\lim_{x\to+\infty}\left[x\left(\frac{\pi}{2}-\arctan x\right)\right]=\lim_{x\to+\infty}\frac{\frac{\pi}{2}-\arctan x}{\frac{1}{x}}=\lim_{x\to+\infty}\frac{-\frac{1}{1+x^2}}{-\frac{1}{x^2}}=\lim_{x\to+\infty}\frac{x^2}{1+x^2}=1$$

(5) 该未定式属于1^{∞}型，用恒等式$x=e^{\ln x}$化为以 e 为底的指数函数形式.

$$\lim_{x\to0}(\cos x)^{\frac{1}{x^2}}=\lim_{x\to0}e^{\frac{1}{x^2}\ln\cos x}$$

$$\lim_{x\to0}\frac{1}{x^2}\ln\cos x=\lim_{x\to0}\frac{\ln\cos x}{x^2}=\lim_{x\to0}\frac{\ln\cos x}{x^2}=\lim_{x\to0}\frac{\frac{1}{\cos x}(-\sin x)}{2x}=-\frac{1}{2}$$

$$\lim_{x\to0}(\cos x)^{\frac{1}{x^2}}=\lim_{x\to0}e^{\frac{1}{x^2}\ln\cos x}=e^{-\frac{1}{2}}$$

(6) 该未定式属于∞^0型. 由于$\left(\frac{1}{\sin x}\right)^{\tan x}=e^{\tan x\ln\frac{1}{\sin x}}=e^{-\tan x\ln\sin x}$.

$$\text{而}\lim_{x\to0}(\tan x\ln\sin x)=\lim_{x\to0}(x\ln\sin x)=\lim_{x\to0}\frac{\ln\sin x}{\frac{1}{x}}=\lim_{x\to0}\frac{\cos x}{-\frac{1}{x^2}\sin x}$$

$$=-\lim_{x\to0}\frac{x^2\cos x}{\sin x}=0$$

所以
$$\lim_{x\to0}\left(\frac{1}{\sin x}\right)^{\tan x}=\lim_{x\to0}e^{-\tan x\ln\sin x}=e^0=1$$

题型二　综合应用题

例 2　设函数$f(x)$具有二阶连续导数，且$f(0)=0$，讨论函数$g(x)=\begin{cases}\frac{f(x)}{x}, & x\neq0\\ f'(0), & x=0\end{cases}$在

点 $x=0$ 处的导数是否存在?

分析：先利用导数的定义，再用洛必达法则.

解 $g'(0)=\lim\limits_{x\to 0}\dfrac{g(x)-g(0)}{x}=\lim\limits_{x\to 0}\dfrac{f(x)-f'(0)x}{x^2}=\lim\limits_{x\to 0}\dfrac{f'(x)-f'(0)}{2x}=\dfrac{1}{2}f''(0)$

因此，函数 $g(x)$ 在点 $x=0$ 处的导数存在，且有 $g'(0)=\dfrac{1}{2}f''(0)$.

例 3 已知函数 $f(x)=\begin{cases}\dfrac{\ln(1+ax^2)}{\sec x-\cos x}, & x\neq 0\\ 3, & x=0\end{cases}$，当 a 为何值时，$f(x)$ 在点 $x=0$ 处连续?

分析：先用洛必达法则求极限 $\lim\limits_{x\to 0}f(x)$，然后用连续函数的定义 $\lim\limits_{x\to 0}f(x)=f(0)$，求 a 的值.

解 $\lim\limits_{x\to 0}f(x)=\lim\limits_{x\to 0}\dfrac{\ln(1+ax^2)}{\sec x-\cos x}=\lim\limits_{x\to 0}\dfrac{ax^2}{\sec x-\cos x}=\lim\limits_{x\to 0}\dfrac{2ax}{\sec x\tan x+\sin x}$

$$=2a\lim_{x\to 0}\frac{x}{\sin x}\cdot\lim_{x\to 0}\frac{1}{\sec^2 x+1}=a$$

由于函数 $f(x)$ 在点 $x=0$ 处连续，$\lim\limits_{x\to 0}f(x)=f(0)$，因此 $a=3$.

例 4 设 $\lim\limits_{x\to 1}\dfrac{x^2+mx+n}{x-1}=5$，求 m 和 n 的值.

分析：先由极限存在性得到分子的极限等于 $0(x\to 1)$，然后再用洛必达法则.

解 由已知，必有 $\lim\limits_{x\to 1}(x^2+mx+n)=0$，得 $m+n+1=0$. 对极限使用洛必达法则，有

$$\lim_{x\to 1}\frac{x^2+mx+n}{x-1}=\lim_{x\to 1}\frac{(x^2+mx+n)'}{(x-1)'}=\lim_{x\to 1}(2x+m)=2+m=5$$

得到 $m=3$，再由 $m+n+1=0$，得 $n=-4$.

综上，可知 $m=3$，$n=-4$.

例 5 验证极限 $\lim\limits_{x\to+\infty}\dfrac{e^x+e^{-x}}{e^x-e^{-x}}$ 和 $\lim\limits_{x\to+\infty}\dfrac{x^2-\cos x}{x^2+x+1}$ 存在，但不能由洛必达法则计算.

分析：$\lim\limits_{x\to+\infty}\dfrac{e^x+e^{-x}}{e^x-e^{-x}}$ 使用洛必达法则会出现循环；$\lim\limits_{x\to+\infty}\dfrac{x^2-\cos x}{x^2+x+1}$ 不满足洛必达法则的第三个条件，这两个极限都不能用洛必达法则求解，可通过变形求极限.

解 $\lim\limits_{x\to+\infty}\dfrac{e^x+e^{-x}}{e^x-e^{-x}}=\lim\limits_{x\to+\infty}\dfrac{1+e^{-2x}}{1-e^{-2x}}=1$；$\lim\limits_{x\to+\infty}\dfrac{x^2-\cos x}{x^2+x+1}=\lim\limits_{x\to+\infty}\dfrac{1-\dfrac{\cos x}{x^2}}{1+\dfrac{1}{x^2}+\dfrac{1}{x^2}}=1.$

同步练习 2

1. 单项选择题

(1) $\lim\limits_{x\to 0}\dfrac{1-\cos x}{x}$ 的值是（　　）.

A. 1　　B. 0　　C. $\frac{1}{2}$　　D. $-\frac{1}{2}$

（2）$\lim\limits_{x\to\infty}\frac{x^2-4x+3}{2x^2-x-1}$的值是（　　）.

A. $-\frac{3}{2}$　　B. $\frac{3}{2}$　　C. $\frac{1}{2}$　　D. $-\frac{1}{2}$

（3）$\lim\limits_{x\to0}x^2e^{\frac{1}{x^2}}=$（　　）.

A. 1　　B. $+\infty$　　C. $\frac{1}{2}$　　D. 2

（4）在以下各式中，极限存在，但不能用洛必达法则计算的是（　　）.

A. $\lim\limits_{x\to0}\frac{x^2}{\sin x}$　　B. $\lim\limits_{x\to0^+}\left(\frac{1}{x}\right)^{\tan x}$　　C. $\lim\limits_{x\to\infty}\frac{x+\sin x}{x}$　　D. $\lim\limits_{x\to+\infty}\frac{x^n}{e^x}$

（5）求极限 $\lim\limits_{x\to0}\frac{x^2\sin\frac{1}{x}}{\sin x}$时，下列各种解法正确的是（　　）.

A. 用洛必达法则后，求得极限为0

B. 因为 $\lim\limits_{x\to0}\frac{1}{x}$不存在，所以上述极限不存在

C. 原式 $=\lim\limits_{x\to0}\frac{x}{\sin x}\cdot x\sin\frac{1}{x}=0$

D. 因为不能用洛必达法则，故极限不存在

2. 填空题

（1）$\lim\limits_{x\to0}\frac{\sin 3x}{\tan 5x}=$________.

（2）$\lim\limits_{x\to\infty}\frac{x}{e^x}=$________.

（3）$\lim\limits_{x\to0}\left(\frac{1}{\sin x}-\frac{1}{e^x-1}\right)=$________.

（4）$\lim\limits_{x\to0^+}(\sin x)^x=$________.

（5）$\lim\limits_{x\to1}x^{\frac{1}{1-x}}=$________.

3. 判断题

（1）$\lim\limits_{x\to2}\frac{2x}{2x-1}=\lim\limits_{x\to0}\frac{(2x)'}{(2x-1)'}=\lim\limits_{x\to0}\frac{2}{2}=1.$　　（　　）

（2）$\lim\limits_{x\to0}\frac{e^{2x}-1}{\sin x}=\lim\limits_{x\to0}\left(\frac{e^{2x}-1}{\sin x}\right)'.$　　（　　）

（3）$\lim\limits_{x\to0}\frac{e^x-\cos x}{x\sin x}=\lim\limits_{x\to0}\frac{e^x+\sin x}{\sin x+x\cos x}=\lim\limits_{x\to0}\frac{e^x+\cos x}{\cos x+\cos x-x\sin x}=\frac{2}{2}=1.$　　（　　）

4. 解答题

（1）用洛必达法则求极限$\lim\limits_{x\to1}\frac{x^3-1+\ln x}{e^x-e}$.

（2）求$\lim\limits_{x\to0}\left(\dfrac{1}{x}-\dfrac{1}{e^x-1}\right)$.

（3）求$\lim\limits_{x\to0}\dfrac{(1+x)^{\frac{1}{x}}-e}{x}$.

5.3 导数在研究函数上的应用

一、知识要点

1. 函数的单调性

定理1 设函数$y=f(x)$在$[a,b]$上连续，在(a,b)内可导.

（1）若在(a,b)内$f'(x)>0$，则函数$y=f(x)$在$[a,b]$上单调增加；

（2）若在(a,b)内$f'(x)<0$，则函数$y=f(x)$在$[a,b]$上单调减少.

注：将此定理中的闭区间换成其他各种区间（包括无穷区间）结论仍成立.

2. 函数的极值

定义 设函数$y=f(x)$在点x_0的某邻域内有定义，如果对于该邻域内的任意异于x_0的x值$(x\neq x_0)$，都有

（1）$f(x)>f(x_0)$，则称点x_0为函数$f(x)$的极小值点，称$f(x_0)$为$f(x)$的极小值；

（2）$f(x)<f(x_0)$，则称点x_0为函数$f(x)$的极大值点，称$f(x_0)$为$f(x)$的极大值.

极大值点和极小值点统称为函数的极值点，极大值与极小值统称为极值. 极值只是函数$f(x)$在点x_0的某一邻域内相比较而言的，它只是函数的一种局部性质. 函数的极小值（极大值）在函数的定义域内与其他点的函数值相比较，就不一定是最小值（最大值）.

定理2 （极值存在的必要条件）如果函数$f(x)$在点x_0处取得极值，且$f'(x_0)$存在，则必有$f'(x_0)=0$.

这个定理叫作费马定理. 由费马定理可知导数$f'(x_0)=0$是可导函数$y=f(x)$在点x_0取得极值的必要条件，即可导函数的极值点必定是导数$f'(x)=0$的点（驻点）. 反过来，导数为零的点（驻点）不一定是极值点.

定理3 （极值存在的一阶充分条件）设函数$f(x)$在点x_0的去心邻域内可导，且$f'(x_0)=0$或$f'(x_0)$不存在，若存在一个正数ξ，有

$$f'(x)=\begin{cases}>0(\text{或}<0), x\in(x_0-\xi,x_0)\\<0(\text{或}>0), x\in(x_0,x_0+\xi)\end{cases}$$

则函数$f(x)$在点x_0取得极大值（极小值）.

3. 函数的最值

求连续函数$f(x)$在闭区间$[a,b]$上的最大、最小值的步骤：

(1) 求出$f'(x)=0$在$[a,b]$上所有的根以及使$f'(x)$不存在的点：$x_1,x_2,\cdots,x_n$；

(2) 计算$f(x_1),f(x_2),\cdots,f(x_n)$，$f(a),f(b)$，并比较它们的大小，其中最大者为最大值，最小者为最小值.

二、重难点分析

用一阶导数研究函数的单调性和极值，求实际问题的最大值或最小值是本节重点；求实际问题的最大值或最小值是本节的难点.

(1) 导数应用中最主要的是利用一阶导数研究函数的单调性和极值.

(2) 极值问题的实质是判别极值的可疑点是否为极值点，一般用第一充分条件判断. 应正确理解可导函数的驻点与极值点的区别与联系，即极值点一定是驻点，但驻点不一定是极值点. 判断驻点是否为极值点时，若在此点二阶导数存在且不为零，常用第二充分条件.

(3) 函数的最值（最大值和最小值）与极值是两个不同的概念，最值是区间上的整体概念，极值是区间内的局部概念，因此极值仅在函数的定义区间内取得，而最值可在极值可疑点和区间端点处取得.

(4) 求实际问题的最值，关键是先建立一个与所求最值有关的目标函数，通常是将要求最值设为目标函数.

三、解题方法技巧

(1) 求函数$f(x)$极值的步骤：

①确定函数的定义域.

②求出导数$f'(x)$，令$f'(x)=0$，解方程得驻点，再求出使$f'(x)$不存在的点，得到极值的所有可疑点.

③用极值存在的一阶充分条件判断可疑点是否为极值点.

④计算极值点处的函数值得到极值.

(2) 求闭区间上连续函数最值的一般步骤：

①求出区间内的所有极值可疑点.

②计算可疑点处的函数值和区间端点的函数值.

③比较上述函数值的大小，其中最大的为函数的最大值，最小的为函数的最小值.

如果函数在某区间仅有唯一极值点，则当它为极大（小）值点时，函数在该点取得最大（小）值.

(3) 求实际问题的最值，通常是将要求最值设为目标函数，并由实际问题确定函数的定义区间，然后求该函数在相应区间上的最值，如果由实际问题可以确定所求最值必在区间内部取得且在区间内仅有一个极值可疑点，则可直接判定该可疑点必为所求最值点.

四、经典题型详解

题型一　讨论函数的单调性并求单调区间

例1　求函数$y=(x-2)^5(2x+1)^4$的单调区间.

分析：先求函数的驻点或不可导点、间断点，将定义域划分为一些区间，在每个区间上

讨论 y' 的符号，最后确定函数的单调区间.

解 $y'=5(x-2)^4(2x+1)^4+8(x-2)^5(2x+1)^3=(x-2)^4(2x+1)^3(18x-11)$.

令 $y'=0$ 得驻点 $x_1=-\frac{1}{2},x_2=-\frac{11}{18},x_3=2$.

因为当 $x<-\frac{1}{2}$ 时，$y'>0$；当 $-\frac{1}{2}<x<\frac{11}{18}$ 时，$y'<0$；当 $x>\frac{11}{18}$ 且 $x\neq 2$ 时，$y'>0$.

所以函数在 $\left(-\infty,-\frac{1}{2}\right]$ 与 $\left[\frac{11}{18},+\infty\right)$ 内单调增加，在 $\left(-\frac{1}{2},\frac{11}{18}\right)$ 内单调减少.

题型二　利用函数的单调性证明不等式

例 2 设 $0<a<b$，证明：$\ln\frac{b}{a}>\frac{2(b-a)}{a+b}$.

分析：所证不等式等价于 $\ln\frac{b}{a}>\frac{2\left(\frac{b}{a}-1\right)}{1+\frac{b}{a}}$，所以可以考虑证明 $\ln x>\frac{2(x-1)}{1+x}$.

证明 令 $f(x)=(1+x)\ln x-2(x-1)$，$x\geqslant 1$，则 $f'(x)=\frac{1}{x}+\ln x-1$，$f''(x)=\frac{x-1}{x^2}$.

当 $x>1$ 时，$f''(x)>0$，所以 $f'(x)>0$ 单调增加，于是 $f'(x)>f'(1)=0$，
由此可知，$f(x)$ 在 $[1,+\infty)$ 内单调增加，所以有 $f(x)>f(1)=0$.

取 $x=\frac{b}{a}>1$，则 $f\left(\frac{b}{a}\right)>0$，即 $f\left(\frac{b}{a}\right)=\left(1+\frac{b}{a}\right)\ln\frac{b}{a}-2\left(\frac{b}{a}-1\right)>0$，

整理得 $\ln\frac{b}{a}>\frac{2(b-a)}{a+b}$.

题型三　求函数的极值

例 3 求函数 $y=(x-5)^2(x+1)^{\frac{2}{3}}$ 的极值.

分析：按求极值的三个步骤进行解答.

解 函数的定义域为 $(-\infty,+\infty)$，

$$y'=2(x-5)(x+1)^{\frac{2}{3}}+\frac{2}{3}(x+1)^{-\frac{1}{3}}(x-5)^2=\frac{4(2x-1)(x-5)}{3(x+1)^{\frac{1}{3}}}$$

令 $y'=0$，得驻点 $x_1=\frac{1}{2},x_2=5$，另外在 $x_3=-1$ 处 y' 不存在.

这三个可疑极值点将定义域分为四个部分，具体列表讨论如下：

x	$(-\infty,-1)$	-1	$\left(-1,\frac{1}{2}\right)$	$\frac{1}{2}$	$\left(\frac{1}{2},5\right)$	5	$(5,+\infty)$
y'	$-$	不存在	+	0	$-$	0	+
y	↓	极小值 $y(-1)=0$	↑	极大值 $y\left(\frac{1}{2}\right)=\frac{81}{8}\sqrt[3]{81}$	↓	极小值 $y(5)=0$	↑

由判别极值的第一充分条件可知，函数 y 在点 $x=-1,x=5$ 处取得极小值，且 $y(-1)=0$，$y(5)=0$，在点 $x=\frac{1}{2}$处取得极大值，且 $y\left(\frac{1}{2}\right)=\frac{81}{8}\sqrt[3]{81}$.

由判别极值的第一充分条件求极值时，常用列表法讨论，它能直观地表明在部分区间上 $f'(x)$ 的符号及 $f(x)$ 的单调性.

例4 设可导函数 $y=y(x)$ 由方程 $2y^3-2y^2+2xy-x^2=1$ 所确定，求 $y=y(x)$ 的驻点，并判断其驻点是否为极值点.

分析：驻点就是求一阶导数等于零的点，本问题转化为求隐函数的导数问题.

解 在所给的方程两边对 x 求导得，$6y^2y'-4yy'+2y+2xy'-2x=0$，

解得 $y'=\frac{x-y}{3y^2-2y+x}$.

令 $y'=0$，得 $y=x$，将 $y=x$ 代入原方程得 $2x^3-2x^2+2x^2-x^2=1$，从而解得驻点 $x=1$.

在等式 $6y^2y'-4yy'+2y+2xy'-2x=0$ 两边再对 x 求导得，

$$12yy'^2+6y^2y''--4y'^2-4yy''+2y'+2y'+2xy''-2=0$$

将 $x=y=1$ 及 $y'|_{x=1}=0$ 代入上式，得 $y''|_{x=1}=\frac{1}{2}>0$，因此 $y=y(x)$ 在 $x=1$ 处取得极小值.

题型四 求函数的最大值和最小值

例5 求函数 $y=x^{\frac{2}{3}}-(x^2-1)^{\frac{1}{3}}$ 在$[-2,2]$上的最大值.

分析：按求最值的三个步骤进行解答.

解 因为 $f(x)$ 是偶函数，所以考虑区间$[0,2]$上的情形.

令 $f'(x)=\frac{2}{3}\cdot\frac{(x^2-1)^{\frac{2}{3}}-x^{\frac{4}{3}}}{x^{\frac{1}{3}}(x^2-1)^{\frac{2}{3}}}=0$，解得驻点 $x_1=\frac{1}{\sqrt{2}}$，不可导点 $x_2=0$ 和 $x_3=1$.

经计算 $f(0)=1$，$f\left(\frac{1}{\sqrt{2}}\right)=\sqrt[3]{4}$，$f(1)=1$，$f(2)=\sqrt[3]{4}-\sqrt[3]{3}$.

由于 $\sqrt[3]{4}-\sqrt[3]{3}=\frac{4-3}{(\sqrt[3]{4})^2+\sqrt[3]{4}\cdot\sqrt[3]{3}+(\sqrt[3]{3})^2}<\frac{1}{3}$，比较以上各值所知，

最大值 $f\left(\frac{1}{\pm\sqrt{2}}\right)=\sqrt[3]{4}$，最小值 $f(\pm 2)=\sqrt[3]{4}-\sqrt[3]{3}$.

题型五 最大值和最小值的应用

例6 将边长为 a 的铁丝切成两段，一段围成正方形，另一段围成圆形，问：这两段铁丝各长为多少时，正方形与圆形的面积之和为最小.

分析：在求实际问题的最值时，首先，要适当地选择自变量和函数，把实际问题归结为一个函数在某区间上的最值问题. 其次，所选择函数的最大（或最小）值的存在性通常可由问题本身的实际意义所确定，且一般是在区间的内部取得，此时，若在此开区间内求得的驻点是唯一的，则可以确定该点就是所求的最值点.

解 设圆形的周长为 x，则正方形的周长为 $a-x$，两图形的面积之和为

$$A=\left(\frac{a-x}{4}\right)^2+\pi\left(\frac{x}{2\pi}\right)^2=\frac{4+\pi}{16\pi}x^2-\frac{ax}{8}+\frac{a^2}{16}$$

且 $A'=\frac{4+\pi}{8\pi}x-\frac{a}{8}$，令 $A'=0$，得驻点 $x=\frac{\pi a}{4+\pi}$. 又 $A''=\frac{4+\pi}{8\pi}>0$.

因为 A 一定有最小值，且它必在区间$(0,+\infty)$的内部取得，而 A 在$(0,+\infty)$内仅有一个驻点 $x=\frac{\pi a}{4+\pi}$，所以该驻点即为最小值点.

故当圆的周长为 $x=\frac{\pi a}{4+\pi}$，正方形的周长为 $a-x=\frac{4a}{4+\pi}$时，两图像的面积之和最小.

同步练习3

1. 单项选择题

（1）函数 $f(x)=3x^5-5x^3$ 在 **R** 上有（　　）.

A. 4 个极值点　　B. 3 个极值点　　C. 2 个极值点　　D. 1 个极值点

（2）函数 $f(x)=2x^3-6x^2-18x+7$ 的极大值是（　　）.

A. 17　　B. 11　　C. 10　　D. 9

（3）函数 $f(x)=x^{\frac{2}{3}}-(x^2-1)^{\frac{1}{3}}$在区间$(0,2)$内的最小值为（　　）.

A. $\frac{729}{4}$　　B. 0　　C. 1　　D. 无最小值

（4）设函数 $y=\frac{2x}{1+x^2}$，在（　　）.

A. $(-\infty,+\infty)$单调增加　　B. $(-\infty,+\infty)$单调减少

C. $(-1,1)$单调增加，其余区间单调减少　D. $(-1,1)$单调减少，其余区间单调增加

（5）设函数 $y=f(x)$在 $x=x_0$ 处有 $f'(x_0)=0$，在 $x=x_1$ 处 $f'(x_1)$不存在，则（　　）.

A. $x=x_0$ 及 $x=x_1$ 一定都是极值点　　B. 只有 $x=x_0$ 是极值点

C. $x=x_0$ 与 $x=x_1$ 都可能不是极值点　　D. $x=x_0$ 与 $x=x_1$ 至少有一个点是极值点

2. 填空题

（1）函数 $y=x^2-3x-\frac{x^3}{3}$单调增区间为________.

（2）函数 $f(x)=x+\cos x$ 在区间 $[0,2\pi]$上单调________.

（3）函数 $y=x+\frac{4}{x}$单调减小区间为________.

（4）已知函数 $y=2x^3-3x^2$，$x=$________时，极大值 $y=$________；$x=$________时，极小值 $y=$________.

（5）函数 $f(x)=3x^5-5x^3$ 在 **R** 上有________个极值点.

3. 判断题

（1）若 $f'(x)\geqslant 0$,则 $f(x)\geqslant 0$.　（　　）

（2）函数 $f(x)=x-\sin x$ 在$[0,2\pi]$上严格单调增加.　（　　）

(3) 如果函数$f(x)$在点x_0处取得极值，则必有$f'(x_0)=0$. (　　)

4. 解答题

(1) 求函数$y=x^3-3x^3-9x+14$的单调区间；

(2) 求函数$y=2e^x+e^{-x}$的极值；

(3) 从一个边长为a的正方形铁皮的四角上截去同样大小的正方形，然后折起来做成一个无盖的盒子，问：要截去多大的小方块，才能使盒子的容量最大？

自测题

一、单项选择题（每题3分，共24分）

1. 下列函数在给定区间上满足罗尔定理的是（　　）.

A. $y=|x|$, $[-1, 1]$　　B. $y=\frac{1}{x}$, $[-1, 1]$

C. $y=(x-4)^2$, $[-2, 4]$　　D. $y=\sin x$, $[0, \pi]$

2. $\lim\limits_{x\to 0}\frac{e^x-e^{-x}}{x}=$（　　）.

A. 2　　B. 1　　C. 0　　D. -1

3. 函数$f(x)=\frac{1}{x}$满足拉格朗日中值定理条件的区间是（　　）.

A. $[-2,2]$　　B. $[-2,0]$　　C. $[1,2]$　　D. $[0,1]$

4. 下列各式运用洛必达法则正确的是（　　）.

A. $\lim\limits_{n\to\infty}\sqrt[n]{n}=e^{\lim\limits_{n\to\infty}\frac{\ln n}{n}}=e^{\lim\limits_{n\to\infty}\frac{1}{n}}=1$　　B. $\lim\limits_{x\to 0}\frac{x+\sin x}{x-\sin x}=\lim\limits_{x\to 0}\frac{1+\cos x}{1-\cos x}=\infty$

C. $\lim\limits_{x\to 0}\frac{x^2\sin\frac{1}{x}}{\sin x}=\lim\limits_{x\to 0}\frac{2x\sin\frac{1}{x}-\cos\frac{1}{x}}{\cos x}$不存在　　D. $\lim\limits_{x\to 0}\frac{x}{e^x}=\lim\limits_{x\to 0}\frac{1}{e^x}=1$

5. $\lim\limits_{x\to 1}\frac{x^2-3x+2}{x^2-1}$的值是（　　）.

A. $-\frac{3}{2}$　　B. -1　　C. $\frac{1}{2}$　　D. $-\frac{1}{2}$

6. $\lim\limits_{x\to 0}\frac{\ln(1+x)}{x^2}$的值是（　　）.

A. 1　　B. 2　　C. $\frac{1}{2}$　　D. ∞

7. $\lim\limits_{x\to 0}\frac{\cos 2x-1}{e^{2x}-1}=$（　　）.

A. 1　　B. -1　　C. -2　　D. 不确定

8. 函数$y=x^3-x^2-x$的单调递减区间是（　　）.

A. $\left(-\infty, -\frac{1}{3}\right]$和$[1, +\infty)$　　B. $[1, +\infty)$

C. $\left(-\infty,-\frac{1}{3}\right]$　　D. $\left[-\frac{1}{3},1\right]$

二、填空题（每题 3 分，共 24 分）

1. $f(x)=x^2+x-1$ 在区间 $[-1,2]$ 上满足拉格朗日中值定理的中值 $\xi=$ ________.

2. $\lim\limits_{x\to\infty}\frac{2x^2-4x+3}{4x^2-x-1}=$ ________.

3. $\lim\limits_{x\to0}\frac{\mathrm{e}^x-\cos x}{\sin 2x}=$ ________.

4. $\lim\limits_{x\to0}\left(\frac{1}{x^2}-\frac{1}{x\tan x}\right)=$ ________.

5. $\lim\limits_{x\to+\infty}\frac{x}{\mathrm{e}^{x^3}}=$ ________.

6. $\lim\limits_{x\to o}\frac{6x-\sin 3x}{\sin 6x}=$ ________.

7. $\lim\limits_{x\to1}x^{\frac{1}{1-x}}=$ ________.

8. 函数 $f(x)=3x^4-4x^3$ 的极值点是________，极小值是________.

三、判断题（每题 3 分，共 9 分）

1. 如果函数 $f(x)$ 在区间 I 上有一点的导数为零，那么 $f(x)$ 在区间 I 上是一个常数.　(　　)

2. $\lim\limits_{x\to2}\frac{5x}{2x-4}=\lim\limits_{x\to0}\frac{(5x)'}{(2x-4)'}=\lim\limits_{x\to0}\frac{5}{2}=\frac{5}{2}$.　(　　)

3. 如果函数 $f(x)$ 在点 x_0 处取得极值，且 $f'(x_0)$ 存在，则必有 $f'(x_0)=0$.　(　　)

四、解答证明题（第 6 题 8 分，其余每题 7 分，共 43 分）

1. 用洛必达法则求极限 $\lim\limits_{x\to0}\frac{1-\cos x}{5x}$.

2. 用洛必达法则求极限 $\lim\limits_{x\to1}\left(\frac{x}{x-1}-\frac{1}{\ln x}\right)$.

3. 用洛必达法则求极限 $\lim\limits_{x\to0^+}\left(\frac{1}{x}\right)^{\tan x}$.

4．求函数 $f(x)=x^3+2x$ 在区间［1，2］上满足拉格朗日中值定理的 ξ 值.

5. 求二次函数 $y=6x^2-x-2$ 的极值.

6. 设 $f(x)$ 在 $[0,1]$ 上连续，在 $(0,1)$ 内可导，且 $f(1)=0$. 求证：存在 $\xi\in(0,1)$，使 $f'(\xi)=-\frac{f(\xi)}{\xi}$.

同步练习参考答案

同步练习 1

1. B　A　C　A　B.

2. (1) 0 ; (2) 0 ; (3) $\frac{1}{4}$; (4) 3 ; (5) $\arccos(\sin 2-\sin 1)$.

3. × √ ×.

4. (1) 因为$f(x)=x\sqrt{3-x}$在$[0,3]$上连续，在$(0,3)$内可导，且$f(0)=f(3)=0$，所以$f(x)=x\sqrt{3-x}$在$[0,3]$上满足罗尔定理的条件.

$f'(\xi)=\sqrt{3-\xi}-\frac{\xi}{2\sqrt{3-\xi}}=0$，得$\xi=2\in(0,3)$即为所求.

(2) 因为$f(x)=(x-1)(x-2)(x-3)(x-4)$在$[1,2]$，$[2,3]$，$[3,4]$上连续，在$(1,2)$，$(2,3)$，$(3,4)$内可导，且$f(1)=f(2)=f(3)=f(4)=0$.
所以由罗尔定理，至少有一点$\xi_1\in(1,2)$，$\xi_2\in(2,3)$，$\xi_3\in(3,4)$.
使得$f'(\xi_1)=f'(\xi_2)=f'(\xi_3)=0$，即方程$f'(x)=0$至少有三个实根.
又方程$f'(x)=0$为三次方程，至多有三个实根.
所以$f'(x)=0$有3个实根，分别为$\xi_1\in(1,2)$，$\xi_2\in(2,3)$，$\xi_3\in(3,4)$.
(3) 令$f(x)=\ln x(x>0)$，因为$f(x)$在$[x,1+x]$上连续，在$(x,1+x)$内可导.
所以由拉格朗日中值定理，得$\ln\left(1+\frac{1}{x}\right)=\ln(1+x)-\ln x=f'(\xi)(1-0)=\frac{1}{\xi}$.

因为$x<\xi<1+x$，所以$\frac{1}{\xi}>\frac{1}{1+x}$，即当$x>0$时，$\ln\left(1+\frac{1}{x}\right)>\frac{1}{1+x}$.

同步练习 2

1. B C B C C.

2. (1) $\frac{3}{5}$; (2) 0 ; (3) $\frac{1}{2}$; (4) 0 ; (5) e^{-1}.

3. × × ×.

4. (1) $\lim\limits_{x\to1}\frac{x^3-1+\ln x}{e^x-e}=\lim\limits_{x\to1}\frac{3x^2+\frac{1}{x}}{e^x}=\frac{4}{e}$;

(2) $\lim\limits_{x\to0}\left(\frac{1}{x}-\frac{1}{e^x-1}\right)=\lim\limits_{x\to0}\frac{e^x-1-x}{x(e^x-1)}\xlongequal{(e^x-1)\sim x}\lim\limits_{x\to0}\frac{e^x-1-x}{x^2}=\lim\limits_{x\to0}\frac{e^x-1}{2x}=\frac{1}{2}$;

(3) 令$y=(1+x)^{\frac{1}{x}}$，则$\ln y=\frac{1}{x}\ln(1+x)$,

$y'=(1+x)^{\frac{1}{x}}\cdot\frac{x-(1+x)\ln(1+x)}{x^2(1+x)}$,

原式$=\lim\limits_{x\to0}\frac{y-e}{x}\xlongequal{\frac{0}{0}型}\lim\limits_{x\to0}y'\xlongequal{\frac{0}{0}型}e\lim\limits_{x\to0}\frac{x-(1+x)\ln(1+x)}{x^2(1+x)}$

$\xlongequal{\frac{0}{0}型}e\lim\limits_{x\to0}\left[-\frac{1}{3x+2}\ln(1+x)^{\frac{1}{x}}\right]=e\left(-\frac{1}{2}\right)\ln e=-\frac{e}{2}$.

同步练习 3

1. C A D C C.

2. (1) $(-\infty, -1]$; (2) 增加; (3) $(-2, 0)\cup(0, 2)$;

(4) 0, 0, 1, -1; (5) $\frac{b+a}{2}$.

3. × √ ×.

4. (1) $y'=3x^2-6x-9=3(x+1)(x-3)$.

当 $x<-1$ 时, $y'>0$;

当 $-1<x<3$ 时, $y'<0$;

当 $x>3$ 时, $y'>0$;

故 y 在 $(-\infty, -1]$及$[3, +\infty)$单调递增, 在 $[-1,3]$单调递减.

(2) $y'=2e^x-e^{-x}$.

令 $y'=0$,得 $x=-\frac{1}{2}\ln 2$.

因为 $x<-\frac{1}{2}\ln 2$ 时, $y'<0$,

$x>-\frac{1}{2}\ln 2$ 时, $y'>0$,

所以 $x=-\frac{1}{2}\ln 2$ 时, y 取极小值0.

(3) 设截去的小正方形的边长为 x, 盒子的容积为 V. 根据题意, 则有

$$V=x(a-2x)^2(0<x<a/2)$$

这就是所要建立的函数关系式. 求 V 对 x 的导数, 得

$$V'=(a-2x)^2+2x(a-2x)(-2)=(a-2x)(a-6x)$$

令 $V'=0$, 求得函数在 $(0, a/2)$ 内的驻点为 $x=\frac{a}{6}$.

由于盒子必然存在最大容积, 因此当 $x=\frac{a}{6}$时, 函数 V 有最大值, 即当截去的小正方形边长为$\frac{a}{6}$时, 盒子的容量最大.

自测题参考答案

一、D A C A D D C D.

二、1. $\frac{1}{2}$. 2. $\frac{1}{2}$. 3. $\frac{1}{2}$. 4. $\frac{1}{3}$. 5. 0. 6. $\frac{1}{2}$. 7. e^{-1}. 8. $x=1, -1$.

三、× × √.

四、1. $\lim\limits_{x\to 0}\frac{1-\cos x}{5x}=\lim\limits_{x\to 0}\frac{(1-\cos x)'}{(5x)'}=\lim\limits_{x\to 0}\frac{\sin x}{5}=0$.

2. $\lim\limits_{x\to 1}\left(\frac{x}{x-1}-\frac{1}{\ln x}\right)=\lim\limits_{x\to 1}\frac{x\ln x-x+1}{(x-1)\ln x}=\lim\limits_{x\to 1}\frac{\ln x}{\ln x+\frac{x-1}{x}}=\lim\limits_{x\to 1}\frac{1+\ln x}{\ln x+2}=\frac{1}{2}$.

3. $\lim\limits_{x\to0^+}\left(\dfrac{1}{x}\right)^{\tan x}=e^{\lim\limits_{x\to0^+}\frac{-\ln x}{\cot x}}$;

$\lim\limits_{x\to0^+}\dfrac{-\ln x}{\cot x}=\lim\limits_{x\to0^+}\dfrac{-\dfrac{1}{x}}{-\csc^2 x}=\lim\limits_{x\to0^+}\dfrac{\sin^2 x}{x}=\lim\limits_{x\to0^+}x=0$;

$\lim\limits_{x\to0^+}\left(\dfrac{1}{x}\right)^{\tan x}=e^0=1$.

4. 因为$f(x)=x^3+2x$在$[1,2]$上连续,在$(1,2)$内可导,由拉格朗日中值定理可知,存在$\xi\in(1,2)$,使得$f'(\xi)=\dfrac{f(2)-f(1)}{2-1}$,解得$\xi=\dfrac{\sqrt{21}}{3}$.

5. $y'=12x-1$.

令$y'=0$,得$x=\dfrac{1}{12}$，因为$x<\dfrac{1}{12}$时，$y'<0$；$x>\dfrac{1}{12}$时，$y'>0$. 所以$x=\dfrac{1}{12}$取得极小值，极小值$f\left(\dfrac{1}{12}\right)=-\dfrac{49}{24}$.

6. 构造辅助函数$F(x)=xf(x)$，$F'(x)=f(x)+xf'(x)$.

根据题意$F(x)=xf(x)$在$[0,1]$上连续，在$(0,1)$内可导，且$F(1)=1\cdot f(1)=0$，$F(0)=0\cdot f(0)=0$，从而由罗尔定理得：存在$\xi\in(0,1)$，使

$$F'(\xi)=f'(\xi)\xi+f(\xi)=0$$

即

$$f'(\xi)=-\frac{f(\xi)}{\xi}$$

第6章 不定积分

一、基本要求

（1）理解和掌握原函数和不定积分的概念.

（2）掌握不定积分的性质，熟记不定积分基本公式.

（3）掌握不定积分的换元积分法和分部积分法.

二、知识网络图

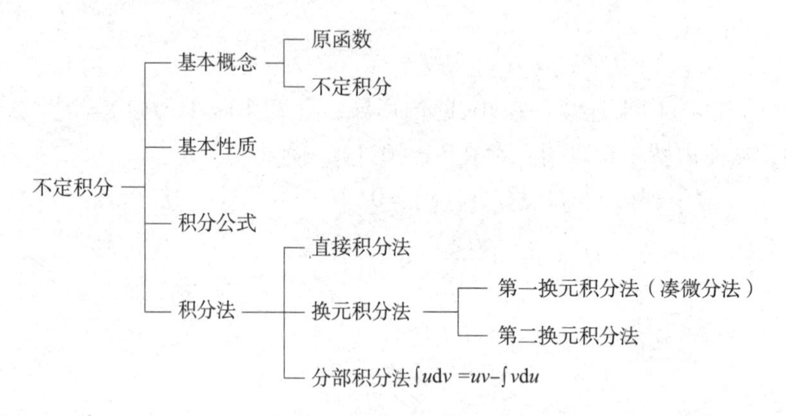

6.1 不定积分的概念与性质

一、知识要点

1. 原函数

设函数$f(x)$在区间I上有定义，若存在可导函数$F(x)$，对区间I上每一点x都满足$F'(x)=f(x)$或$\mathrm{d}F(x)=f(x)\mathrm{d}x$，则称$F(x)$是$f(x)$在区间$I$上的一个原函数，或简称$F(x)$是$f(x)$的一个原函数.

连续函数在其定义区间上都存在原函数，若$f(x)$存在一个原函数，则它有无穷多个原函数，其中任意两个原函数之间仅相差一个常数.

2. 不定积分

函数$f(x)$的所有原函数，称为$f(x)$的不定积分，记为$\int f(x)\mathrm{d}x$. 其中，"$\int$"称为积分号；

$f(x)$称为被积函数；$f(x)\mathrm{d}x$ 称为被积表达式；x 称为积分变量.

如果 $F(x)$是$f(x)$在区间 I 上的一个原函数，则

$$\int f(x)\mathrm{d}x = F(x) + C \text{（其中 } C \text{ 为任意常数）}$$

3. 不定积分的性质

性质1 两个函数代数和的不定积分，等于这两个函数不定积分的代数和，即

$$\int [f(x) \pm g(x)]\mathrm{d}x = \int f(x)\mathrm{d}x \pm \int g(x)\mathrm{d}x$$

性质2 非零常数因子可移到积分号外面，即

$$\int af(x)\mathrm{d}x = a\int f(x)\mathrm{d}x (a \neq 0)$$

性质3 不定积分的导数（或微分）等于被积函数（或被积表达式），即

$$\left(\int f(x)\mathrm{d}x\right)' = f(x) \text{ 或 } \mathrm{d}\int f(x)\mathrm{d}x = f(x)\mathrm{d}x$$

性质4 函数 $F(x)$的导函数（或微分）的不定积分等于函数族 $F(x)+C$,即

$$\int F'(x)\mathrm{d}x = F(x) + C \text{ 或 } \int \mathrm{d}F(x) = F(x) + C$$

4. 基本积分公式

(1) $\int 0\mathrm{d}x = C, \int \mathrm{d}x = x + C, \int a\mathrm{d}x = ax + C$（$a$ 为常数）；

(2) $\int x^\alpha \mathrm{d}x = \frac{1}{\alpha + 1}x^{\alpha+1} + C(\alpha \neq -1)$；

(3) $\int \frac{1}{x}\mathrm{d}x = \ln |x| + C$；

(4) $\int a^x \mathrm{d}x = \frac{a^x}{\ln a} + C(a > 0, \text{且 } a \neq 1)$；

(5) $\int \mathrm{e}^x \mathrm{d}x = \mathrm{e}^x + C$；

(6) $\int \sin x\mathrm{d}x = -\cos x + C$；

(7) $\int \cos x\mathrm{d}x = \sin x + C$；

(8) $\int \frac{1}{\sin^2 x}\mathrm{d}x = \int \csc^2 x\mathrm{d}x = -\cot x + C$；

(9) $\int \frac{1}{\cos^2 x}\mathrm{d}x = \int \sec^2 x\mathrm{d}x = \tan x + C$；

(10) $\int \frac{1}{\sqrt{1 - x^2}}\mathrm{d}x = \arcsin x + C$；

(11) $\int \frac{1}{1 + x^2}\mathrm{d}x = \arctan x + C$；

(12) $\int \sec x \tan x \mathrm{d}x = \sec x + C$；

(13) $\int \csc x \cot x \mathrm{d}x = -\csc x + C$.

二、重难点分析

（1）原函数和不定积分是两个不同的概念，后者是一个集合，前者是该集合中的一个元素．不定积分是原函数的全体．因此 $\int f(x)\mathrm{d}x = F(x) + C$ 中的常数 C 不能丢．求不定积分实际上就是求原函数，它是计算定积分的基础．

（2）若 $F(x)$、$G(x)$ 均是 $f(x)$ 在区间 I 上的原函数，显然有 $\int f(x)\mathrm{d}x = F(x) + C$，$\int f(x)\mathrm{d}x = G(x) + C$；但要注意，若已知 $\int f(x)\mathrm{d}x = F(x) + C$ 且 $\int f(x)\mathrm{d}x = G(x) + C$，则 $F(x)$ 与 $G(x)$ 不一定相等．如

$$\int (x+1)^2 \mathrm{d}x = \frac{1}{3}(x+1)^3 + C \text{（解法见 6.2 节）}$$

$$\int (x+1)^2 \mathrm{d}x = \int (x^2+2x+1)\mathrm{d}x = \frac{1}{3}x^3 + x^2 + x + C$$

而 $\frac{1}{3}(x+1)^3 \neq \frac{1}{3}x^3 + x^2 + x.$

（3）基本积分公式表是计算不定积分的基础，所有不定积分的计算问题最终都转化为基本积分公式的形式．应用基本积分公式时，须注意“三元统一”原则．

如由公式 $\int \cos x \mathrm{d}x = \sin x + C$，可推出 $\int \cos 2x \mathrm{d}2x = \sin 2x + C$，

但推不出 $\int \cos 2x \mathrm{d}x = \sin 2x + C$，

事实上，$\int \cos 2x \mathrm{d}x = \frac{1}{2}\sin 2x + C$（解法见 6.2 节）．

三、解题方法技巧

直接积分法是指利用恒等变形、积分性质及基本积分公式进行积分的方法．它是计算不定积分的最基本方法，利用此方法求积分往往需要进行适当的恒等变形，常见的变形方法有因式分解、分母有理化、三角函数的三角恒等变形、拆项等．

四、经典题型详解

题型一　利用原函数和不定积分的概念求解问题

例 1　若 $F'(x) = \frac{1}{\sqrt{1-x^2}}, F(1) = \frac{\pi}{2}$，则 $F(x)$ 为（　　）．

A. $\arcsin x$　　B. $\arcsin x + C$　　C. $\arcsin x + \pi$　　D. $\arcsin x + \frac{\pi}{2}$

分析：由 $F'(x)=\dfrac{1}{\sqrt{1-x^2}}$，对其求不定积分即可求得 $F(x)$，此时 $F(x)$ 带有常数 C. 又知 $F(1)=\dfrac{\pi}{2}$，由此条件，常数 C 可确定.

解　由题意，$F(x)=\int F'(x)\mathrm{d}x=\int\dfrac{1}{\sqrt{1-x^2}}\mathrm{d}x=\arcsin x+C$，

又 $F(1)=\dfrac{\pi}{2}$，　则 $\arcsin 1+C=\dfrac{\pi}{2}$，　故 $C=0$，　从而 $F(x)=\arcsin x$.

故选 A.

例 2　下列等式正确的是（　　）.

A. $\int f'(x)\mathrm{d}x=f(x)$　　　　B. $\int \mathrm{d}f(x)=f(x)$

C. $\dfrac{\mathrm{d}}{\mathrm{d}x}\int f(x)\mathrm{d}x=f(x)$　　　　D. $\mathrm{d}\int f(x)\mathrm{d}x=f(x)$

分析：该例讨论的是原函数、不定积分、导数、微分的关系. 由不定积分的定义可判断.

解　A、B 求的是不定积分，没有常数 C 一定是错的，故排除；D 求的是微分，微分表达式中没有 $\mathrm{d}x$ 也是错的，故也排除；C 求的是不定积分的导数，假设 $\int f(x)\mathrm{d}x=F(x)+C$，则

$$\frac{\mathrm{d}}{\mathrm{d}x}\int f(x)\mathrm{d}x=[F(x)+C]'_x=F'(x)+C'=f(x)$$

故选 C.

题型二　利用直接积分法求积分

例 3　(1) $\int\sqrt{x\sqrt{x}}\,\mathrm{d}x$；(2) $\int\dfrac{(1-x)^2}{\sqrt{x}}\mathrm{d}x$；(3) $\int\dfrac{1}{x^2(1+x^2)}\mathrm{d}x$.

分析：先把被积函数进行恒等变形，然后利用不定积分的性质，即可把所求的不定积分化为基本积分公式中的积分.

解　(1) $\int\sqrt{x\sqrt{x}}\,\mathrm{d}x=\int\sqrt{x\cdot x^{\frac{1}{2}}}\,\mathrm{d}x=\int\sqrt{x^{\frac{3}{2}}}\,\mathrm{d}x=\int x^{\frac{3}{4}}\mathrm{d}x=\dfrac{4}{7}x^{\frac{7}{4}}+C$.

(2)
$$\begin{aligned}\int\frac{(1-x)^2}{\sqrt{x}}\mathrm{d}x&=\int\frac{1-2x+x^2}{\sqrt{x}}\mathrm{d}x\\&=\int(x^{-\frac{1}{2}}-2x^{\frac{1}{2}}+x^{\frac{3}{2}})\mathrm{d}x\\&=\int x^{-\frac{1}{2}}\mathrm{d}x-2\int x^{\frac{1}{2}}\mathrm{d}x+\int x^{\frac{3}{2}}\mathrm{d}x\\&=2x^{\frac{1}{2}}-\frac{4}{3}x^{\frac{3}{2}}+\frac{2}{5}x^{\frac{5}{2}}+C.\end{aligned}$$

(3) $\int\dfrac{1}{x^2(1+x^2)}\mathrm{d}x=\int\dfrac{1+x^2-x^2}{x^2(1+x^2)}\mathrm{d}x$

$$= \int \left[\frac{1+x^2}{x^2(1+x^2)} - \frac{x^2}{x^2(1+x^2)} \right] dx$$

$$= \int \left(\frac{1}{x^2} - \frac{1}{1+x^2} \right) dx$$

$$= -\frac{1}{x} - \arctan x + C.$$

同步练习 1

1. 单项选择题

(1) 若 $F(x)$ 是 $f(x)$ 的一个原函数，则下列等式中正确的是（　　）.

A. $\int dF(x) = f(x) + C$　　B. $\int F'(x) dx = f(x) + C$

C. $\int F(x) dx = f(x) + C$　　D. $\int f(x) dx = F(x) + C$

(2) 若 $\int f(x) dx = \sin\sqrt{x} + C$，则 $f(x) =$（　　）.

A. $\cos\sqrt{x}$　　B. $\frac{1}{2\sqrt{x}}\cos\sqrt{x}$　　C. $\frac{1}{\sqrt{x}}\cos\sqrt{x}$　　D. $\cos\sqrt{x} + C$

(3) 设 e^{-x} 是 $f(x)$ 的一个原函数，则 $\int f(x) dx =$（　　）.

A. $-e^{-x} + C$　　B. $e^{-x} + C$　　C. $e^{-x} + 2$　　D. $e^x + C$

(4) $\int f'(x) dx =$（　　）.

A. $f(x) + C$　　B. $f(x)$　　C. $f'(x) + C$　　D. $f'(x)$

(5) 函数 $f(x) = 2^x e^x$ 的不定积分是（　　）.

A. $\frac{(2e)^x}{\ln 2e}$　　B. $(2e)^x + c$　　C. $\frac{(2e)^x}{\ln 2e} + c$　　D. $\frac{(2e)^x}{\ln 2} + c$

2. 填空题

(1) 设 $f(x)$ 是连续函数，则 $\frac{d}{dx}\int f(x) dx =$ ________；$\int df(x) =$ ________；

$d\int f(x) dx =$ ________；$\int f'(x) dx =$ ________.

(2) 设 $\int f(x) dx = x\cos x + C$，则 $f(x) =$ ________.

(3) 过点 (0, 1)，且在任意一点处切线斜率为 $3x^2$ 的曲线方程为________.

(4) 若 $F'(x) = \frac{1}{1+x^2}$，且 $F(0) = \frac{\pi}{2}$，则 $F(x) =$ ________.

(5) 设 $f(x) = \int \frac{x}{\sqrt{1+x^2}} dx$，则 $f'(0) =$ ________.

3. 判断题

（1）一切初等函数在其定义区间内都有原函数．（　　）

（2）求函数 $f(x)$ 的不定积分时，其结果表达式是唯一的．（　　）

（3）若 $F(x)$ 是 $f(x)$ 的一个原函数，则有 $\int f(x)\mathrm{d}x = F(x)$．（　　）

4. 求下列不定积分

（1）$\int\left(2\mathrm{e}^x - 3\cos x + \frac{1}{x}\right)\mathrm{d}x$；（2）$\int\frac{\sqrt{1+x^2}}{\sqrt{1-x^4}}\mathrm{d}x$．

6.2　换元积分法

一、知识要点

1. 第一换元积分法（凑微分法）

若 $f(x)=g[\varphi(x)]\varphi'(x)$，且 $\int g(u)\mathrm{d}u = F(u)+C$，

$$\int f(x)\mathrm{d}x = \int g[\varphi(x)]\varphi'(x)\mathrm{d}x = \int g[\varphi(x)]\mathrm{d}[\varphi(x)]$$

$$\xlongequal{\varphi(x)=u}\int g(u)\mathrm{d}u = F(u)+C\xlongequal{u=\varphi(x)}F[\varphi(x)]+C$$

2. 第二换元积分法

设 $x=\varphi(t)$ 是单调可导函数，且 $\varphi'(t)\neq 0$，$\int f[\varphi(t)]\cdot\varphi'(t)\mathrm{d}t$ 具有原函数 $F(t)$，则有换元公式

$$\int f(x)\mathrm{d}x\xlongequal{x=\varphi(t)}\int f[\varphi(t)]\cdot\varphi'(t)\mathrm{d}t = F(t)+C\xlongequal{t=\varphi^{-1}(x)}F[\varphi^{-1}(x)]+C$$

其中，$t=\varphi^{-1}(x)$ 是 $x=\varphi(t)$ 的反函数．

二、重难点分析

（1）第一换元积分法即凑微分法关键在于“凑微分”，凑微分的目的是满足“三元统一”原则，从而可以应用基本积分公式求解．即通过凑微分

$$\int g[\varphi(x)]\cdot\varphi'(x)\mathrm{d}x = \int g[\varphi(x)]\mathrm{d}\varphi(x)$$

使积分变量（第二元）和被积函数的变量全体（第一元）二元统一，从而满足“三元统一”原则．

但凑微分的形式变化多端，一般无规律可循，需要一定的经验积累以及技巧．熟悉常见的凑微分形式对掌握该方法有较大的帮助．

常见的凑微分形式:

$$a\mathrm{d}x=(ax)'\mathrm{d}x=\mathrm{d}(ax)\ (a\text{ 为非零常数})$$

$$x\mathrm{d}x=\left(\frac{1}{2}x^2\right)'\mathrm{d}x=\mathrm{d}\left(\frac{1}{2}x^2\right)=\frac{1}{2}\mathrm{d}(x^2)$$

$$x^2\mathrm{d}x=\left(\frac{1}{3}x^3\right)'\mathrm{d}x=\mathrm{d}\left(\frac{1}{3}x^3\right)=\frac{1}{3}\mathrm{d}(x^3)$$

$$\sin x\mathrm{d}x=(-\cos x)'\mathrm{d}x=\mathrm{d}(-\cos x)=-\mathrm{d}(\cos x)$$

$$\cos x\mathrm{d}x=(\sin x)'\mathrm{d}x=\mathrm{d}(\sin x)$$

$$\mathrm{e}^x\mathrm{d}x=(\mathrm{e}^x)'\mathrm{d}x=\mathrm{d}(\mathrm{e}^x)$$

$$\frac{1}{x}\mathrm{d}x=(\ln x)'\mathrm{d}x=\mathrm{d}(\ln x)$$

$$\frac{1}{x^2}\mathrm{d}x=\left(-\frac{1}{x}\right)'\mathrm{d}x=\mathrm{d}\left(-\frac{1}{x}\right)=-\mathrm{d}\left(\frac{1}{x}\right)$$

$$\frac{1}{\sqrt{x}}\mathrm{d}x=(2\sqrt{x})'\mathrm{d}x=\mathrm{d}(2\sqrt{x})=2\mathrm{d}(\sqrt{x})$$

$$\frac{1}{\sqrt{1-x^2}}\mathrm{d}x=(\arcsin x)'\mathrm{d}x=\mathrm{d}(\arcsin x)$$

$$\frac{1}{1+x^2}\mathrm{d}x=(\arctan x)'\mathrm{d}x=\mathrm{d}(\arctan x)$$

(2) 第二换元积分法主要用于被积函数含有根式的不定积分，通过换元，把根式消去，从而使之变成容易计算的积分. 其关键在于如何换元，常见的换元方法有根式代换或三角代换（可参看其他书籍）等.

应用第二换元积分法时，应注意:

①被积函数要用新的变量表示，同时积分变量也要相应改变;

②注意新变量的取值范围（即保证引入函数的单调性）;

③积分结果要将变量换回原来变量.

三、解题方法技巧

(1) 第一换元积分法是求导数的逆运算，这种方法的特点是从被积函数中分出一部分记为 $\varphi'(x)$，其和 $\mathrm{d}x$ 可凑为 $\mathrm{d}[\varphi(x)]$，而余下部分恰好是 $\varphi(x)$ 的函数 $g[\varphi(x)]$，然后令 $u=\varphi(x)$，所求积分可简化为 $\int g(u)\mathrm{d}u$，而积分 $\int g(u)\mathrm{d}u$ 易求. 因为被凑因子 $\varphi'(x)$ 隐含在被积函数中，如何适当寻找这样的函数来进行凑微分是关键! 这种凑微分法的技巧在分部积分法中也经常用到，此方法既简单又灵活，必须多做练习，熟能生巧.

(2) 当被积函数中含有根式而又不能用凑微分时，可考虑用第二换元积分法将被积函数有理化（即消去根号）. 其实质是当直接求积分 $\int f(x)\mathrm{d}x$ 有困难时，可试作变换 $x=\varphi(t)$，把所求积分转化为对新变量 t 积分 $\int f[\varphi(t)]\cdot\varphi'(t)\mathrm{d}t$，若 $x=\varphi(t)$ 选取恰当，则关于变量 t

的原函数便易于求出.

四、经典题型详解

题型一　用第一换元积分法（即凑微分法）求不定积分

例1　求下列不定积分：

(1) $\int(3-2x)^2\mathrm{d}x$；　(2) $\int\frac{(\ln x)^2}{x}\mathrm{d}x$；　(3) $\int\frac{\mathrm{e}^x}{1+\mathrm{e}^x}\mathrm{d}x$；

(4) $\int\frac{\mathrm{e}^{\sqrt{x}}}{\sqrt{x}}\mathrm{d}x$；　(5) $\int\frac{1}{x^2}\sin\frac{1}{x}\mathrm{d}x$；　(6) $\int\frac{x}{1+x^4}\mathrm{d}x$.

分析：设法把被积表达式 $g[\varphi(x)]\cdot\varphi'(x)\mathrm{d}x$ 凑成 $g[\varphi(x)]\mathrm{d}\varphi(x)\overset{u=\varphi(x)}{=\!=\!=}g(u)\mathrm{d}u$ 的形式，而 $g(u)$ 的原函数容易求出.

解　(1) 由于 $\mathrm{d}x=-\frac{1}{2}\mathrm{d}(3-2x)$，故

$$\int(3-2x)^2\mathrm{d}x=-\frac{1}{2}\int(3-2x)^2\mathrm{d}(3-2x)\text{ ············ 凑微分}$$

$$\overset{3-2x=u}{=\!=\!=}-\frac{1}{2}\int u^2\mathrm{d}u\text{ ············ 换元（熟练后可省略）}$$

$$=-\frac{1}{2}\cdot\frac{1}{3}u^3+C\text{ ············ 求积分}$$

$$\overset{u=3-2x}{=\!=\!=}-\frac{1}{6}(3-2x)^3+C\text{ ············ 变量还原}$$

(2) 由于 $\frac{1}{x}\mathrm{d}x=\mathrm{d}(\ln x)$，故

$$\int\frac{(\ln x)^2}{x}\mathrm{d}x=\int(\ln x)^2\cdot\frac{1}{x}\mathrm{d}x=\int(\ln x)^2\mathrm{d}(\ln x)=\frac{1}{3}(\ln x)^3+C$$

(3) 由于 $\mathrm{e}^x\mathrm{d}x=\mathrm{d}(\mathrm{e}^x)$，故

$$\int\frac{\mathrm{e}^x}{1+\mathrm{e}^x}\mathrm{d}x=\int\frac{\mathrm{d}(\mathrm{e}^x)}{1+\mathrm{e}^x}=\int\frac{\mathrm{d}(1+\mathrm{e}^x)}{1+\mathrm{e}^x}=\ln(1+\mathrm{e}^x)+C$$

(4) 由于 $\frac{1}{\sqrt{x}}\mathrm{d}x=2\mathrm{d}(\sqrt{x})$，故

$$\int\frac{\mathrm{e}^{\sqrt{x}}}{\sqrt{x}}\mathrm{d}x=2\int\mathrm{e}^{\sqrt{x}}\mathrm{d}(\sqrt{x})=2\mathrm{e}^{\sqrt{x}}+C$$

(5) 由于 $\frac{1}{x^2}\mathrm{d}x=-\mathrm{d}\left(\frac{1}{x}\right)$，故

$$\int\frac{1}{x^2}\sin\frac{1}{x}\mathrm{d}x=-\int\sin\frac{1}{x}\mathrm{d}\left(\frac{1}{x}\right)=\cos\frac{1}{x}+C$$

(6) 由于 $x\mathrm{d}x=\frac{1}{2}\mathrm{d}(x^2)$，故

$$\int\frac{x}{1+x^4}\mathrm{d}x=\frac{1}{2}\int\frac{\mathrm{d}(x^2)}{1+x^4}=\frac{1}{2}\int\frac{\mathrm{d}(x^2)}{1+(x^2)^2}=\frac{1}{2}\arctan x^2+C$$

题型二　用第二换元积分法求不定积分

例 2　求下列不定积分:

（1）$\int \frac{\sin \sqrt{x}}{\sqrt{x}} dx$；（2）$\int \frac{dx}{1+\sqrt{1+x}}$.

分析：被积函数含有根式，一般先设法去掉根式，这是第二换元积分法常用的情形.

解法 1　令$\sqrt{x}=t$，即 $x=t^2(t>0)$，单调可导，且 $dx=2tdt$，故

$$\int \frac{\sin \sqrt{x}}{\sqrt{x}} dx = \int \frac{\sin t}{t} \cdot 2tdt = 2\int \sin tdt = -2\cos t + C = -2\cos \sqrt{x} + C$$

解法 2　由于$\frac{1}{\sqrt{x}}dx = 2d(\sqrt{x})$，故

$$\int \frac{\sin \sqrt{x}}{\sqrt{x}} dx = 2\int \sin \sqrt{x} d(\sqrt{x}) = -2\cos \sqrt{x} + C$$

注：该例既可以用第二换元积分法（解法1）求解，也可以用第一换元积分法（解法2）求解，由此可见，不定积分的解法是不唯一的.

（2）**解**　令 $\sqrt{1+x}=t$，即 $x=t^2-1(t>0)$，单调可导，且 $dx=2tdt$，故

$$\int \frac{dx}{1+\sqrt{1+x}} = \int \frac{2tdt}{1+t} = 2\int \frac{1+t-1}{1+t}dt = 2\int \left(1-\frac{1}{1+t}\right)dt$$

$$= 2\int dt - 2\int \frac{1}{1+t}d(t+1) = 2t - 2\ln|1+t| + C$$

$$= 2\sqrt{1+x} - 2\ln(1+\sqrt{1+x}) + C$$

注：该例先是用第二换元积分法消去根式，然后通过恒等变形转化为两个简单的积分，其中一个积分经过凑微分后可求出.

同步练习 2

1. 单项选择题

（1）$\int f'(5x)dx =$（　　）.

A. $f(5x)+C$　　B. $5f(5x)+C$　　C. $\frac{1}{5}f(5x)+C$　　D. $5f(x)+C$

（2）下列等式正确的是（　　）.

A. $\int adx = a + C$　　B. $\int e^{2x}dx = e^{2x} + C$

C. $\int \ln xdx = \frac{1}{x} + C$　　D. $\int \cos 3xdx = \frac{1}{3}\sin 3x + C$

（3）下列等式成立的是（　　）.

A. $\cos xdx = d(\sin x)$　　B. $\sin xdx = d(\cos x)$

C. $xdx = d(x^2)$　　D. $\frac{1}{\sqrt{x}}dx = d(\sqrt{x})$

(4) 函数$f(x)=e^{-x}$的不定积分是（　　）.

A. e^{-x}　　B. $-e^{-x}$　　C. $e^{-x}+C$　　D. $-e^{-x}+C$

(5) 若$F'(x)=f(x)$，则$\int f(\sin x)\cos x\mathrm{d}x=$（　　）.

A. $F(\sin x)+C$　　B. $f(\sin x)+C$　　C. $F(\cos x)+C$　　D. $f(\cos x)+C$

2. 填空题

(1) $\dfrac{\mathrm{d}x}{x}=$________$\mathrm{d}(2\ln x+3)$.

(2) $\displaystyle\int\frac{\mathrm{d}x}{1-3x}=$________.

(3) $\displaystyle\int\frac{\arctan x}{1+x^2}\mathrm{d}x=$________.

(4) $\int\sin^2x\cos x\mathrm{d}x=$________.

(5) 若$f(x)$的一个原函数是x^2，则$\int f(2x+1)\mathrm{d}x=$________.

3. 判断题

(1) 若$\int f(x)\mathrm{d}x=F(x)+C$，则$\int f(2x)\mathrm{d}x=F(2x)+C$.　　（　　）

(2) 被积函数中含有根式的不定积分只能用第二换元积分法求解.　　（　　）

(3) $\int e^{\cos x}\sin x\mathrm{d}x=-\int e^{\cos x}\mathrm{d}(\cos x)=-e^{\cos x}+C$.　　（　　）

4. 求下列不定积分

(1) $\displaystyle\int\frac{\mathrm{d}x}{1+4x^2}$；(2) $\displaystyle\int\frac{\mathrm{d}x}{x(1+\ln x)}$.

6.3　分部积分法

一、知识要点

设$u=u(x)$，$v=v(x)$有连续的导函数，由函数乘积的微分法则，可推出如下的分部积分公式

$$\int uv'\mathrm{d}x=uv-\int u'v\mathrm{d}x$$

或简记为

$$\int u\mathrm{d}v=uv-\int v\mathrm{d}u$$

二、重难点分析

(1) 分部积分法的关键在于如何恰当地选择u和$\mathrm{d}v$，选取的原则：①由$\mathrm{d}v$容易求得v；

② $\int v\mathrm{d}u$ 要比 $\int u\mathrm{d}v$ 容易积分.

（2）被积函数是两种不同类型函数乘积时，常考虑用分部积分法.

三、解题方法技巧

使用分部积分法常用的技巧为“反对幂三指”法，即当被积函数为幂函数、指数函数、对数函数、三角函数和反三角函数中两个函数的乘积时，可按“反对幂三指”的顺序（即反三角函数、对数函数、幂函数、三角函数、指数函数的顺序），排在前面的那类函数选作 u,排在后面的与 $\mathrm{d}x$ 一起为 $\mathrm{d}v$.

当然这种选取方法也不是固定的，也可以因题而异.

四、经典题型详解

题型一　用分部积分法求不定积分

例 1　求下列不定积分:

（1）$\int x\mathrm{e}^{-x}\mathrm{d}x$；（2）$\int x^2\cos x\mathrm{d}x$.

分析：用分部积分法解题关键在于 u 和 $\mathrm{d}v$ 的选取，关于 u 的选取可按“反对幂三指”的顺序考虑.

（1）**解法 1**　设 $u=x,\mathrm{d}v=\mathrm{e}^{-x}\mathrm{d}x$,则 $\mathrm{d}u=\mathrm{d}x,v=-\mathrm{e}^{-x}$，故

$$\begin{aligned}\int x\mathrm{e}^{-x}\mathrm{d}x &= \int x\mathrm{d}(-\mathrm{e}^{-x}) = -x\mathrm{e}^{-x}+\int \mathrm{e}^{-x}\mathrm{d}x \\ &= -x\mathrm{e}^{-x}-\int \mathrm{e}^{-x}\mathrm{d}(-x) = -x\mathrm{e}^{-x}-\mathrm{e}^{-x}+C\end{aligned}$$

解法 2

$$\begin{aligned}\int x\mathrm{e}^{-x}\mathrm{d}x &= \int x\mathrm{d}(-\mathrm{e}^{-x}) = -x\mathrm{e}^{-x}+\int \mathrm{e}^{-x}\mathrm{d}x \\ &= -x\mathrm{e}^{-x}-\int \mathrm{e}^{-x}\mathrm{d}(-x) = -x\mathrm{e}^{-x}-\mathrm{e}^{-x}+C\end{aligned}$$

（2）**解法 1**　设 $u=x^2,\mathrm{d}v=\cos x\mathrm{d}x$,则 $\mathrm{d}u=2x\mathrm{d}x,v=\sin x$，故

$$\int x^2\cos x\mathrm{d}x = \int x^2\mathrm{d}(\sin x) = x^2\sin x-2\int x\sin x\mathrm{d}x$$

对积分 $\int x\sin x\mathrm{d}x$. 设 $u=x,\mathrm{d}v=\sin x\mathrm{d}x$,则 $\mathrm{d}u=\mathrm{d}x,v=-\cos x$. 故

$$\int x\sin x\mathrm{d}x = \int x\mathrm{d}(-\cos x) = -x\cos x+\int\cos x\mathrm{d}x = -x\cos x+\sin x+C$$

因此

$$\int x^2\cos x\mathrm{d}x = \int x^2\mathrm{d}(\sin x) = x^2\sin x+2x\cos x-2\sin x+C$$

解法 2

$$\begin{aligned}\int x^2\cos x\mathrm{d}x &= \int x^2\mathrm{d}(\sin x) = x^2\sin x-\int\sin x\mathrm{d}(x^2) \\ &= x^2\sin x-2\int x\sin x\mathrm{d}x\end{aligned}$$

$$= x^2\sin x + 2\int x\mathrm{d}(\cos x)$$

$$= x^2\sin x + 2x\cos x - 2\int\cos x\mathrm{d}x$$

$$= x^2\sin x + 2x\cos x - 2\sin x + C$$

注：该例用了两次分部积分公式，此时应选择同类型的函数作为 u.

题型二　综合应用直接积分法、换元积分法和分部积分法求不定积分

例 2　求下列不定积分：

(1) $\int xe^{3x}\mathrm{d}x$；(2) $\int\arctan\sqrt{x}\mathrm{d}x$.

分析：根据被积函数的特点，选择合适的方法．显然，(1) 是两类不同函数的乘积，故考虑用分部积分法；(2) 的特点是含有根式，故先换元消去根号．

(1) **解法 1**　设 $u = x, \mathrm{d}v = e^{3x}\mathrm{d}x$，则 $\mathrm{d}u = \mathrm{d}x, v = \frac{1}{3}e^{3x}$，故

$$\int xe^{3x}\mathrm{d}x = \int x\mathrm{d}\left(\frac{1}{3}e^{3x}\right) = \frac{1}{3}xe^{3x} - \frac{1}{3}\int e^{3x}\mathrm{d}x$$

$$= \frac{1}{3}xe^{3x} - \frac{1}{9}\int e^{3x}\mathrm{d}(3x) = \frac{1}{3}xe^{3x} - \frac{1}{9}e^{3x} + C$$

解法 2　$\int xe^{3x}\mathrm{d}x = \int x\mathrm{d}\left(\frac{1}{3}e^{3x}\right) = \frac{1}{3}xe^{3x} - \frac{1}{3}\int e^{3x}\mathrm{d}x$

$$= \frac{1}{3}xe^{3x} - \frac{1}{9}\int e^{3x}\mathrm{d}(3x) = \frac{1}{3}xe^{3x} - \frac{1}{9}e^{3x} + C$$

注：该例先用分部积分法，然后再用凑微分法求解．

(2) **解法 1**　令 $\sqrt{x} = t$，即 $x = t^2(t > 0)$，单调可导，且 $\mathrm{d}x = 2t\mathrm{d}t$，

故 $\int\arctan\sqrt{x}\mathrm{d}x = \int\arctan t\cdot 2t\mathrm{d}t$

设 $u = \arctan t, \mathrm{d}v = 2t\mathrm{d}t$，则 $\mathrm{d}u = \frac{\mathrm{d}t}{1+t^2}, v = t^2$，故

$$\int\arctan\sqrt{x}\mathrm{d}x = \int\arctan t\cdot 2t\mathrm{d}t = \int\arctan t\mathrm{d}(t^2)$$

$$= t^2\arctan t - \int t^2\cdot\frac{1}{1+t^2}\mathrm{d}t$$

$$= t^2\arctan t - \int\frac{t^2+1-1}{1+t^2}\mathrm{d}t$$

$$= t^2\arctan t - \int\left(1 - \frac{1}{1+t^2}\right)\mathrm{d}t$$

$$= t^2\arctan t - \int\mathrm{d}t + \int\frac{1}{1+t^2}\mathrm{d}t$$

$$= t^2\arctan t - t + \arctan t + C$$

$$= x\arctan\sqrt{x} - \sqrt{x} + \arctan\sqrt{x} + C$$

解法 2　令 $\sqrt{x} = t$，即 $x = t^2(t > 0)$，单调可导，且 $\mathrm{d}x = 2t\mathrm{d}t$，

$$\begin{aligned}
\text{故} \int \arctan \sqrt{x}\,dx &= \int \arctan t \cdot 2t\,dt = \int \arctan t\,d(t^2) \\
&= t^2 \arctan t - \int t^2 \cdot \frac{1}{1+t^2}\,dt \\
&= t^2 \arctan t - \int \frac{t^2+1-1}{1+t^2}\,dt \\
&= t^2 \arctan t - \int \left(1 - \frac{1}{1+t^2}\right)dt \\
&= t^2 \arctan t - \int dt + \int \frac{1}{1+t^2}\,dt \\
&= t^2 \arctan t - t + \arctan t + C \\
&= x \arctan \sqrt{x} - \sqrt{x} + \arctan \sqrt{x} + C
\end{aligned}$$

注：该例先是用第二换元积分法消去根号，然后用分部积分法，最后再结合直接积分法求解．

题型三　含有抽象函数的不定积分

例 3　已知 $f(x)$ 的一个原函数为 $x\sin x$，求 $\int xf'(x)\,dx$．

分析：由已知条件可求出 $f(x)$ 和 $\int f(x)\,dx$，再用分部积分法即可求出．

解　因为 $x\sin x$ 是 $f(x)$ 的一个原函数，故

$$f(x) = (x\sin x)' = \sin x + x\cos x$$

且

$$\int f(x)\,dx = x\sin x + C$$

再由分部积分法，得

$$\begin{aligned}
\int xf'(x)\,dx = \int x\,df(x) = xf(x) - \int f(x)\,dx &= x(\sin x + x\cos x) - x\sin x + C \\
&= x^2 \cos x + C
\end{aligned}$$

同步练习 3

1. 单项选择题

(1) $\int \ln x\,dx =$ (　　).

A. $\frac{1}{x} + C$　　B. $x\ln x - x + C$　　C. $x\ln x + C$　　D. $x\ln x + x + C$

(2) $\int x\cos x\,dx =$ (　　).

A. $-x\sin x - \cos x + C$　　B. $-x\sin x + \cos x + C$

C. $x\sin x + \cos x + C$　　D. $x\sin x - \cos x + C$

(3) $\int x\ln x\,dx =$ (　　).

A. $x^2\ln x+\frac{1}{2}x^2+C$　　B. $x^2\ln x-\frac{1}{2}x^2+C$

C. $\frac{1}{2}x^2\ln x+\frac{1}{4}x^2+C$　　D. $\frac{1}{2}x^2\ln x-\frac{1}{4}x^2+C$

（4）计算 $\int x^2\sin x\mathrm{d}x$ 时，关于 u 和 $\mathrm{d}v$ 的选取，正确的是（　　）.

A. $u=x^2,\mathrm{d}v=\sin x\mathrm{d}x$　　B. $u=\sin x,\mathrm{d}v=x^2\mathrm{d}x$

C. $u=x^2\sin x,\mathrm{d}v=\mathrm{d}x$　　D. $u=x^2,\mathrm{d}v=\sin x$

（5）计算 $\int x\arcsin x\mathrm{d}x$ 时，关于 u 和 $\mathrm{d}v$ 的选取，正确的是（　　）.

A. $u=x,\mathrm{d}v=\arcsin x\mathrm{d}x$　　B. $u=\arcsin x,\mathrm{d}v=x\mathrm{d}x$

C. $u=x\arcsin x,\mathrm{d}v=\mathrm{d}x$　　D. $u=x,\mathrm{d}v=\arcsin x$

2. 填空题

（1）计算 $\int x\arctan x\mathrm{d}x$，可设 $u=$________，$\mathrm{d}v=$________.

（2）计算 $\int x\ln x\mathrm{d}x$，可设 $u=$________，$\mathrm{d}v=$________.

（3）计算 $\int xe^x\mathrm{d}x$，可设 $u=$________，$\mathrm{d}v=$________.

（4）计算 $\int \arccos x\mathrm{d}x$，可设 $u=$________，$\mathrm{d}v=$________.

（5）已知 $f(x)$ 的一个原函数为 $\cos x$，则 $\int xf'(x)\mathrm{d}x=$________.

3. 判断题

（1）初等函数的原函数一定是初等函数.　　（　　）

（2）计算积分 $\int x\cos x\mathrm{d}x$ 时，可令 $u=\cos x,\mathrm{d}v=x\mathrm{d}x$.　　（　　）

（3）每个不定积分都可以表示为初等函数.　　（　　）

4. 计算下列不定积分：

（1）$\int x\sin x\mathrm{d}x$；（2）$\int \arctan x\mathrm{d}x$.

自测题

一、单项选择题（每题 3 分，共 30 分）

1. 若 $F(x)$ 是 $f(x)$ 的一个原函数，则下列说法错误的是（　　）.

A. $F'(x)=f(x)$　　B. $\int f(x)\mathrm{d}x=F(x)+C$

C. $F(x)+1$ 也是 $f(x)$ 的一个原函数　　D. $\int F(x)\mathrm{d}x=f(x)+C$

2. 若 $\int f(x)\mathrm{d}x=x\ln x+C$，则 $f(x)=$（　　）.

A. $\ln x+1$　　B. $\ln x$　　C. $x\ln x$　　D. x

3. 设非零函数$f(x)$的任意两个原函数为$F(x)$和$G(x)$，则下列等式成立的是（　　）.

A. $F(x)=G(x)$　　B. $F(x)=CG(x)$

C. $F(x)=G(x)+C$　　D. $F(x)+G(x)=C$

4. 下列各式正确的是（　　）.

A. $\int\cos x\mathrm{d}x=-\sin x+C$　　B. $\int a\mathrm{d}x=a+C$

C. $\int\frac{1}{\sqrt{1-x^2}}\mathrm{d}x=\arcsin x+C$　　D. $\int\frac{1}{x}\mathrm{d}x=\ln x+C$

5. 下列等式成立的是（　　）.

A. $\frac{1}{\sqrt{x}}\mathrm{d}x=\mathrm{d}(\sqrt{x})$　　B. $\mathrm{e}^{2x}\mathrm{d}x=\mathrm{d}(\mathrm{e}^{2x})$

C. $\sin x\mathrm{d}x=\mathrm{d}(\cos x)$　　D. $a\mathrm{d}x=\mathrm{d}(ax)$

6. 若$\int f(x)\mathrm{d}x=F(x)+C$，则$\int f(2x+1)\mathrm{d}x=$（　　）.

A. $F(x)+C$　　B. $\frac{1}{2}F(2x+1)+C$

C. $2F(2x+1)+C$　　D. $F(2x+1)+C$

7. 若$F(x)$是$f(x)$的一个原函数，则$\int f(\cos x)\sin x\mathrm{d}x=$（　　）.

A. $F(\sin x)+C$　　B. $f(\sin x)+C$　　C. $-F(\cos x)+C$　　D. $-f(\cos x)+C$

8. 函数$f(x)=\mathrm{e}^{2x}$的不定积分是（　　）.

A. $\frac{1}{2}\mathrm{e}^{2x}+C$　　B. $\mathrm{e}^{2x}+C$　　C. $2\mathrm{e}^{2x}+C$　　D. $2\mathrm{e}^{x}+C$

9. 设$\sin 2x$是$f(x)$的一个原函数，则$\int f'(x)\mathrm{d}x=$（　　）.

A. $\cos 2x+C$　　B. $2\cos 2x+C$　　C. $\sin 2x+C$　　D. $2\sin 2x+C$

10. $\int\cos x^2\mathrm{d}x^2=$（　　）.

A. $\sin x^2+C$　　B. $-\sin x^2+C$　　C. $\frac{1}{2}\sin x^2+C$　　D. $-\frac{1}{2}\sin x^2+C$

二、填空题（每空3分，共24分）

1. 若$\log_2 3x$是$f(x)$的一个原函数，则$\int f(x)\mathrm{d}x=$________.

2. $\mathrm{d}\int\frac{\sin x}{x}\mathrm{d}x=$________.

3. 设$f(x)=\int\frac{x}{\sqrt{1-x^2}}\mathrm{d}x$，则$f'(0)=$________.

4. $\int f'(2x)\mathrm{d}x=$________.

5. 若$\int f(x)\mathrm{d}x=\sin(\ln x)+c$，则$f(x)=$________.

6. $\int \frac{\ln x}{x}dx =$ ________.

7. $\int\left(\frac{1}{1+x^2}-\frac{1}{x}\right)dx =$ ________.

8. $\int(\cos^3 x+1)d(\cos x)$ ________.

三、判断题（每题2分，共6分）

1. 若 $\int f(x)dx = F(x)+C$，则 $\int f(5x)dx = \frac{1}{5}F(5x)+C$． （　）

2. 一切初等函数在其定义域内都有原函数．（　）

3. 每个不定积分都可以表示为初等函数．（　）

四、计算题（每题8分，共40分）

1. $\int(2^x+x^2+3)dx$；　　2. $\int\frac{x^2}{1+x^2}dx$；

3. $\int\frac{1}{x(1+\ln^2 x)}dx$；　　4. $\int\frac{6e^x}{3+e^x}dx$；

5. $\int x\arctan x dx$．

同步练习参考答案

同步练习1

1. D　B　B　A　C.

2. （1）$f(x)$；$f(x)+C$；$f(x)dx$；$f(x)+C$.

（2）$\cos x - x\sin x$；（3）$y=x^3+1$；（4）$\arctan x+\frac{\pi}{2}$；（5）0.

3. √　×　×.

4. （1）$\int\left(2e^x-3\cos x+\frac{1}{x}\right)dx = 2\int e^x dx - 3\int\cos x dx+\int\frac{1}{x}dx$

$$=2e^x-3\sin x+\ln|x|+C.$$

（2）$\int\frac{\sqrt{1+x^2}}{\sqrt{1-x^4}}dx = \int\sqrt{\frac{1+x^2}{1-x^4}}dx = \int\sqrt{\frac{1+x^2}{(1+x^2)(1-x^2)}}dx$

$$=\int\sqrt{\frac{1}{1-x^2}}dx = \int\frac{dx}{\sqrt{1-x^2}} = \arcsin x + C.$$

同步练习2

1. C　D　A　D　A.

2. （1）$\frac{1}{2}$；（2）$-\frac{1}{3}\ln|1-3x|+C$；（3）$\frac{1}{2}\arctan^2 x+C$；

(4) $\frac{1}{3}\sin^3 x+C$;(5) $\frac{1}{2}(2x+1)^2+C$.

3. × × √.

4. (1) $\int \frac{dx}{1+4x^2}=\frac{1}{2}\int \frac{d(2x)}{1+(2x)^2}=\frac{1}{2}\arctan 2x+C$.

(2) $\int \frac{dx}{x(1+\ln x)}=\int \frac{d(\ln x)}{1+\ln x}=\int \frac{d(\ln x+1)}{1+\ln x}=\ln|1+\ln x|+C$.

同步练习3

1. B C D A B.

2. (1) $\arctan x$, $x dx$;(2) $\ln x, x dx$;(3) $x, e^x dx$;

(4) $\arccos x, dx$;(5) $-x\sin x-\cos x+C$.

3. × × ×.

4. (1) $\int x\sin x dx=-\int x d(\cos x)=-x\cos x+\int \cos x dx$

$$=-x\cos x+\sin x+C.$$

(2) $\int \arctan x dx = x\arctan x-\int x d(\arctan x)$

$$=x\arctan x-\int \frac{x}{1+x^2}dx$$

$$=x\arctan x-\frac{1}{2}\int \frac{d(1+x^2)}{1+x^2}$$

$$=x\arctan x-\frac{1}{2}\ln(1+x^2)+C$$

自测题参考答案

一、D A C C D B C A B A.

二、1. $\log_2 3x+C$. 2. $\frac{\sin x}{x}dx$. 3. 0. 4. $\frac{1}{2}f(2x)+C$.

5. $\frac{1}{x}\cos(\ln x)$. 6. $\frac{1}{2}\ln^2 x+C$. 7. $\arctan x-\ln|x|+C$.

8. $\frac{1}{4}\cos^4 x+\cos x+C$.

三、√××.

四、1. $\int (2^x+x^2+3)dx=\int 2^x dx+\int x^2 dx+3\int dx=\frac{2^x}{\ln 2}+\frac{1}{3}x^3+3x+C$.

2. $\int \frac{x^2}{1+x^2}dx=\int \frac{1+x^2-1}{1+x^2}dx=\int\left(1-\frac{1}{1+x^2}\right)dx$

$$=\int dx-\int \frac{1}{1+x^2}dx=x-\arctan x+C.$$

3. $\int \frac{1}{x(1+\ln^2 x)}dx = \int \frac{d(\ln x)}{1+\ln^2 x} = \arctan \ln x + C$.

4. $\int \frac{6e^x}{3+e^x}dx = 6\int \frac{d(e^x+3)}{3+e^x} = 6\ln(3+e^x) + C$.

5. $$\begin{aligned}\int x\arctan x dx &= \int \arctan x d\left(\frac{1}{2}x^2\right)\\ &= \frac{1}{2}x^2\arctan x - \int \frac{1}{2}x^2 \cdot \frac{1}{1+x^2}dx\\ &= \frac{1}{2}x^2\arctan x - \frac{1}{2}\int \frac{x^2+1-1}{1+x^2}dx\\ &= \frac{1}{2}x^2\arctan x - \frac{1}{2}\int\left(1-\frac{1}{1+x^2}\right)dx\\ &= \frac{1}{2}x^2\arctan x - \frac{1}{2}\left(\int dx - \int \frac{1}{1+x^2}dx\right)\\ &= \frac{1}{2}x^2\arctan x - \frac{1}{2}(x-\arctan x) + C\\ &= \frac{1}{2}(x^2+1)\arctan x - \frac{1}{2}x + C.\end{aligned}$$

第7章 定积分

一、基本要求

（1）理解和掌握定积分的概念及定积分的性质．

（2）掌握微积分基本定理，熟记定积分基本公式．

（3）掌握定积分的换元积分法和分部积分法．

（4）会利用定积分求平面图形的面积．

二、知识网络图

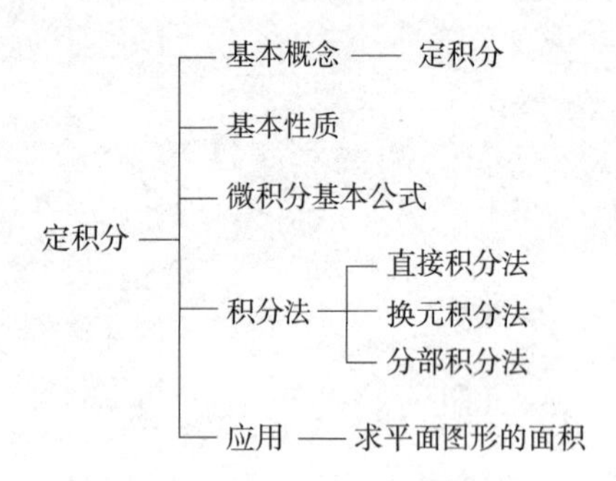

7.1 定积分的概念

一、知识要点

（1）定积分的概念：设$f(x)$是定义在$[a,\ b]$上的函数，在$[a,\ b]$中任意插入$n-1$个分点

$$a=x_0<x_1<x_2<\cdots<x_{n-1}<x_n=b$$

把区间$[a,\ b]$分成n个小区间

$$[x_0,x_1],[x_1,x_2],\cdots,[x_{i-1},x_i],\cdots,[x_{n-1},x_n]$$

各小区间的长度记为$\Delta x_i=x_i-x_{i-1}(i=1,2\cdots)$.

在第i个小窄曲边梯形上任取一点$\xi_i\in[x_i,x_{i-1}]$，作函数值$f(\xi_i)$与小区间的长度Δx_i的乘积$f(\xi_i)\Delta x_i(i=1,2\cdots)$并求和（称为积分和式）

$$\sum_{i=1}^{n}f(\xi_i)\Delta x_i$$

若无论对$[a,\ b]$如何分割，在$[x_{i-1},\ x_i]$上对ξ_i如何选取

令 $\lambda = \max_{1 \leqslant i \leqslant n}\{\Delta x_i\}$，当 $\lambda \to 0$ 时 $\lim_{\lambda \to 0}\sum_{i=1}^{n} f(\xi_i)\Delta x_i$ 都存在，且极限值相等．则称该极限值为 $f(x)$ 在［a，b］上的定积分．记为

$$\int_a^b f(x)\,dx = \lim_{\lambda \to 0}\sum_{i=1}^{n} f(\xi_i)\Delta x_i$$

其中，x 称为积分变量；［a，b］称为积分区间；a 称为积分下限；b 称为积分上限；$f(x)$ 称为被积函数；$f(x)\,dx$ 称为被积表达式．

如果 $f(x)$ 在［a，b］上的定积分存在，我们就说 $f(x)$ 在［a，b］上可积，否则说 $f(x)$ 在［a，b］上不可积．

（2）定积分的几何意义：当 $f(x)>0$ 时，$\int_a^b f(x)\,dx$ 在几何上表示由曲线 $y=f(x)$ 与直线 $x=a$，$x=b$，$y=0$ 所围成的曲边梯形的面积（注意 $a<b$）；当 $f(x)<0$ 时，$-f(x)>0$，这时由曲线 $y=f(x)$ 与直线 $x=a$，$x=b$，$y=0$ 所围成的曲边梯形面积为

$$A = \lim_{\lambda \to 0}\sum_{i=1}^{n}[-f(\xi_i)]\Delta x_i = -\lim_{\lambda \to 0}\sum_{i=1}^{n} f(\xi_i)\Delta x_i = -\int_a^b f(x)\,dx$$

因此，当 $f(x)<0$ 时，$\int_a^b f(x)\,dx = -A$；对一般函数 $f(x)$ 而言，$\int_a^b f(x)\,dx$ 在几何上表示由曲线 $y=f(x)$ 与直线 $x=a$，$x=b$，$y=0$ 所围成的曲边梯形各部分面积的代数和．

（3）函数 $f(x)$ 在区间 $[a,b]$ 上可积的条件：

若 $f(x)$ 在 $[a,b]$ 上连续，则 $f(x)$ 在 $[a,b]$ 上可积．

若 $f(x)$ 在 $[a,b]$ 上有界，且只有有限个间断点，则 $f(x)$ 在 $[a,b]$ 上可积．

二、重难点分析

（1）不定积分和定积分都简称积分，但是它们有本质上的区别，实际上是不同的两个概念；不定积分是原函数的全体；定积分是特殊乘积和式的极限．

（2）定积分定义中区间的分法以及 ξ_i 的选取是任意的；四个步骤，其所蕴含的思想方法，概括说来就是：

①分割：化整为零，把整体的问题分成局部的问题．

②近似代替：即以直代曲，局部上以小矩形面积代替曲边梯形面积，得到局部近似值．

③求和：积零为整，将部分近似值求和得到整体的近似值．

④取极限：极限方法，由近似值变成为精确值，得到问题的求解．

（3）定积分仅与被积函数及积分区间有关，而与积分变量用什么字母表示无关，即

$$\int_a^b f(x)\,dx = \int_a^b f(t)\,dt = \int_a^b f(u)\,du$$

三、解题方法技巧

在利用定积分定义求定积分时，无论对［a，b］如何分割，在［x_{i-1}，x_i］上对 ξ_i 如何选取，只要函数是可积的，则结果一定相等，故采用将［a，b］平分为 n 个小区间，统一

取小区间的左（右）端点为ξ_i，可以简化计算；也可以利用定积分的几何意义计算定积分.

四、经典题型详解

题型一　利用定积分定义求定积分

例1　求由直线$y=2x$，$x=0,y=0$和$x=1$所围成的面积$S=\int_0^1 2x\mathrm{d}x$.

解　$y=2x$在$\mathbf{R}$上连续，故可积；把区间［0，1］分成n个相等的小段，即在［0，1］中插入$n-1$个点

$$0,\ \frac{1}{n},\ \frac{2}{n},\ \frac{3}{n},\ \cdots,\ \frac{n-1}{n},\ 1$$

在第i个小区间$\left[\frac{i-1}{n},\ \frac{i}{n}\right]$上取一点$\xi_i=\frac{i}{n}$，作函数值$f(\xi_i)=\frac{2i}{n}$与小区间的长度$\Delta x_i=\frac{1}{n}$的乘积

$$f(\xi_i)\Delta x_i=\frac{2i}{n^2}\ (i=1,2,\cdots,n)$$

并求和（积分和式）

$$S_n=\sum_{i=1}^{n}f(\xi_i)\Delta x_i=\frac{2}{n^2}+\frac{2\cdot 2}{n^2}+\frac{2\cdot 3}{n^2}+\cdots+\frac{2\cdot n}{n^2}$$

$$=\frac{2}{n^2}(1+2+\cdots+n)=\frac{2}{n^2}\cdot\frac{n(n+1)}{2}=\frac{n+1}{n}$$

这就是所求面积的近似值，显然，n越大，近似程度就越高．当$n\to\infty$时，其值就认为是面积的实际的值，即$S=\int_0^1 2x\mathrm{d}x=\lim\limits_{n\to+\infty}S_n=1$.

注：此题也可以利用定积分的几何意义计算，所围成的图形是高为2，底边为1的直角三角形.

$$S=\int_0^1 2x\mathrm{d}x=\frac{1}{2}\cdot 1\cdot 2=1$$

题型二　利用定积分的几何意义计算定积分

例2　定积分$\int_{-2\pi}^{2\pi}\sin x\mathrm{d}x$的值等于（　　）.

A. π　　B. $-\pi$　　C. 0　　D. 2π

分析：选C；利用定积分的几何意义计算，$y=\sin x$图像关于原点对称，易见，位于x轴上下方的图像面积相等，所围成的曲边梯形各部分面积的代数和为0.

同步练习1

1. 单项选择题

（1）定积分的表示，下列正确的是（　　）

A. $\int_a^b f(x)\mathrm{d}x$　　B. $\int f(x)\mathrm{d}x$　　C. $\int_a^b f(x)$　　D. $f(x)\mathrm{d}x$

(2) $\int_a^b \mathrm{d}x = ($　　$)$.

A. $a-b$　　B. $b-a$　　C. $2(b-a)$　　D. $2(a-b)$

(3) $\int_{-1}^{1} 2x\mathrm{d}x = ($　　$)$.

A. 2　　B. −2　　C. 0　　D. 1

(4) 下列说法错误的是（　　）.

A. $\int_a^b f(x)\mathrm{d}x = \int_a^b f(t)\mathrm{d}t = \int_a^b f(u)\mathrm{d}u$

B. $\int_a^b f(x)\mathrm{d}x$ 在几何上表示曲边梯形的面积

C. 若 $f(x)$ 在 $[a,b]$ 上有界，且只有有限个间断点，则 $f(x)$ 在 $[a,b]$ 上可积

D. $\int_a^a f(x)\mathrm{d}x = 0$

(5) 函数 $f(x)$ 在区间 $[a,b]$ 上连续是定积分 $\int_a^b f(x)\mathrm{d}x$ 存在的（　　）.

A. 必要条件　　B. 充要条件

C. 充分条件　　D. 既非充分又非必要条件

2. 填空题

(1) $\int_{-2}^{2} x^3\mathrm{d}x =$ ________.

(2) $\int_{-\frac{\pi}{2}}^{\frac{\pi}{2}} \sin x\mathrm{d}x =$ ________.

(3) $\int_{-1}^{1} \mathrm{e}^{x^2}\sin x\mathrm{d}x =$ __________.

(4) 函数 $f(x)$ 在 $[a,b]$ 上有界是 $f(x)$ 在 $[a,b]$ 上可积的________条件.

(5) 由曲线 $y=\mathrm{e}^x$ 与直线 $x=-1$，$x=2$ 及 x 轴所围成的曲边梯形面积，用定积分表示为________.

3. 判断题

(1) 定积分和不定积分都简称积分，它们没有本质上的区别.（　　）

(2) 定积分本质上是特殊和式的极限，其结果是一个常数.（　　）

(3) 若 $f(x)$ 在区间 $[a,b]$ 上可积，则 $f(x)$ 在区间 $[a,b]$ 上一定连续.（　　）

(4) 若 $f(x)$ 在区间 $[a,b]$ 上有界，则 $f(x)$ 在区间 $[a,b]$ 上可积.（　　）

7.2　定积分的基本性质

一、知识要点

定积分的基本性质：

性质 1　规定交换积分的上下限后，所得的积分值与原积分值互为相反数，即

$$\int_a^b f(x)\,dx = -\int_b^a f(x)\,dx$$

特别地，有 $\int_a^a f(x)\,dx = 0$.

性质 2 若$f(x)$在$[a,b]$上可积，k 为一实数，则 $kf(x)$在 $[a, b]$ 上也可积，且有

$$\int_a^b kf(x)\,dx = k\int_a^b f(x)\,dx$$

性质 3 若$f(x)$，$g(x)$在 $[a, b]$ 上可积，则$f(x) \pm g(x)$在$[a,b]$上也可积，且

$$\int_a^b [f(x) \pm g(x)]\,dx = \int_a^b f(x)\,dx \pm \int_a^b g(x)\,dx$$

注：性质 2、性质 3 可推广到有限个函数的情形，即如果$f_1(x), f_2(x), \cdots, f_n(x)$都在$[a, b]$上可积，$k_1, k_2, \cdots, k_n$是实数，那么有

$$\int_a^b [k_1 f_1(x) + k_2 f_2(x) + \cdots + k_n f_n(x)]\,dx$$

$$= k_1\int_a^b f_1(x)\,dx + k_2\int_a^b f_2(x)\,dx + \cdots + k_n\int_a^b f_n(x)\,dx$$

性质 4 设$f(x)$在所讨论的区间上都是可积的，对于任意的三个数 a，b，c，总有

$$\int_a^b f(x)\,dx = \int_a^c f(x)\,dx + \int_c^b f(x)\,dx$$

性质 5 （保序性）设$f(x), g(x)$在 $[a, b]$ 上可积，且有$f(x) > g(x)$，则有

$$\int_a^b f(x)\,dx > \int_a^b g(x)\,dx$$

推论 1 （保号性）若$f(x) > 0$ 对 $x \in [a,b]$成立，则有

$$\int_a^b f(x)\,dx > 0$$

推论 2 （有界性）若在 $[a, b]$ 上有 $m \leqslant f(x) \leqslant M$，$m, M$ 是两个实数，则有

$$m(b-a) \leqslant \int_a^b f(x)\,dx \leqslant M(b-a)$$

推论 3 （定积分的绝对值不等式）若$f(x)$在$[a,b]$上可积，则有

$$\left|\int_a^b f(x)\,dx\right| \leqslant \int_a^b |f(x)|\,dx$$

性质 6 （定积分中值定理）

如果函数$f(x)$在闭区间 $[a, b]$ 上连续，则在 $[a, b]$ 上至少存在一点 ξ（如图 7－1 所示），使得

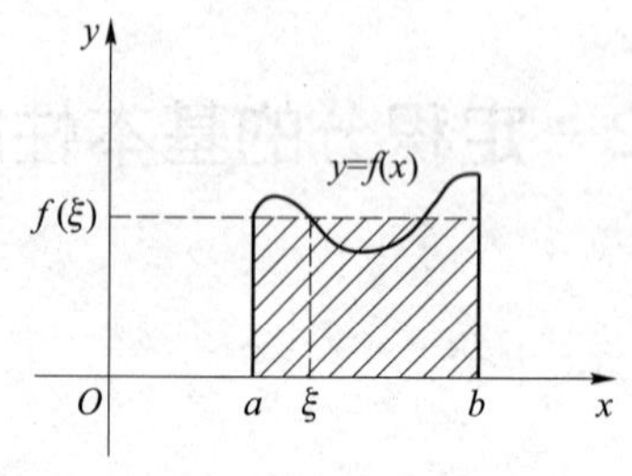

图 7－1

$$\int_a^b f(x)\mathrm{d}x = f(\xi)(b-a)(a<\xi<b)$$

二、重难点分析

根据定积分的定义及其几何意义，我们推导出定积分的基本性质；在没有特别说明的情况下，对定积分上下限的大小均不加以限制，并认为所列出的定积分都是存在的；在说到［a，b］上我们默认 $a \leqslant b$.

三、解题方法技巧

比较同一个区间上两个积分大小，关键是比较两个被积函数的大小；估计定积分的值，关键是找到被积函数的最小值与最大值.

四、经典题型详解

题型一　利用定积分的性质求值

例1　已知 $\int_0^3 f(x)\mathrm{d}x = a, \int_0^4 f(x)\mathrm{d}x = b$，求 $\int_4^3 f(x)\mathrm{d}x$.

分析：利用定积分的性质即可求解.

解　由性质1、性质4，有

$$\int_4^3 f(x)\mathrm{d}x = -\int_3^4 f(x)\mathrm{d}x = -\left[\int_0^4 f(x)\mathrm{d}x - \int_0^3 f(x)\mathrm{d}x\right] = a - b$$

题型二　估计定积分的值

例2　估计积分 $\int_0^\pi \frac{1}{3+\sin^3 x}\mathrm{d}x$ 的值.

分析：利用定积分的有界性即可求解.

解　$f(x) = \frac{1}{3+\sin^3 x}, \forall x \in [0,\pi]$,

$$0 \leqslant \sin^3 x \leqslant 1, \quad \frac{1}{4} \leqslant \frac{1}{3+\sin^3 x} \leqslant \frac{1}{3}$$

$$\frac{1}{4}(\pi - 0) \leqslant \int_0^\pi \frac{1}{3+\sin^3 x}\mathrm{d}x \leqslant \frac{1}{3}(\pi - 0)$$

所以

$$\frac{\pi}{4} \leqslant \int_0^\pi \frac{1}{3+\sin^3 x}\mathrm{d}x \leqslant \frac{\pi}{3}$$

小结　估计定积分的值，关键是找到被积函数的最小值与最大值.

题型三　比较两个积分大小

例3　比较下列积分大小

$$\int_0^1 \mathrm{e}^x \mathrm{d}x \text{ 与} \int_0^1 \ln(1+x)\mathrm{d}x$$

分析：利用定积分的性质5（保序性）即可求解.

解 显然在 $[0,1]$ 上，$e^x\geqslant 1>\ln(1+x)$，所以由性质5，有

$$\int_0^1 e^x dx > \int_0^1 \ln(1+x) dx$$

同步练习2

1. 单项选择题

（1）下列定积分值的大小关系正确的是（　　）.

A. $\int_1^2 \ln x dx < \int_1^2 (\ln x)^2 dx$　　B. $\int_1^2 \ln x dx \leqslant \int_1^2 (\ln x)^2 dx$

C. $\int_1^2 \ln x dx = \int_1^2 (\ln x)^2 dx$　　D. $\int_1^2 \ln x dx > \int_1^2 (\ln x)^2 dx$

（2）下列定积分值的大小关系正确的是（　　）.

A. $\int_0^1 x dx > \int_0^1 \ln(1+x) x dx$　　B. $\int_0^1 x dx = \int_0^1 \ln(1+x) x dx$

C. $\int_0^1 x dx < \int_0^1 \ln(1+x) x dx$　　D. $\int_0^1 x dx \leqslant \int_0^1 \ln(1+x) x dx$

（3）下列定积分值的大小关系正确的是（　　）.

A. $\int_0^1 \sin x dx < \int_0^1 \sin^2 x dx$　　B. $\int_0^1 \sin x dx \leqslant \int_0^1 \sin^2 x dx$

C. $\int_0^1 \sin x dx > \int_0^1 \sin^2 x dx$　　D. $\int_0^1 \sin x dx = \int_0^1 \sin^2 x dx$

（4）在区间 $[0,\pi]$ 上满足等式 $\int_0^\pi \sin x dx = \pi\cdot\sin\xi$ 的点 ξ 个数是（　　）.

A. 一个　　B. 零个　　C. 至少有一个　　D. 不一定存在

（5）已知 $\int_{-1}^0 x^2 dx = \frac{1}{3}, \int_{-1}^0 x dx = -\frac{1}{2}$，则 $\int_{-1}^0 (3x^2+x) dx$ 的值等于（　　）.

A. $\frac{1}{2}$　　B. $-\frac{1}{2}$　　C. $\frac{3}{2}$　　D. $-\frac{3}{2}$

2. 填空题

（1）已知 $f(x)$ 是连续函数，且 $\int_0^3 f(x) dx = 3, \int_0^4 f(x) dx = 7$，则 $\int_4^3 f(x) dx =$ ________.

（2）已知 $\int_{-1}^0 x^2 dx = \frac{1}{3}, \int_{-1}^0 x dx = -\frac{1}{2}$，则 $\int_{-1}^0 (2x^2-3x) dx =$ ________.

（3）已知 $\int_0^2 f(x) dx = A, \int_0^2 g(x) dx = C$，则 $\int_2^0 [3f(x)+5g(x)] dx =$ ________.

（4）已知 $\int_0^2 f(x) dx = A, \int_0^2 g(x) dx = C$，则 $\int_0^2 [2f(x)-3g(x)] dx =$ ________.

（5）$\int_1^1 \frac{\sin x}{x} dx =$ ________.

3. 判断题

（1）$\int_0^1 x^2 dx > \int_0^1 x dx$.　　（　　）

(2) $\int_0^1 x^2\mathrm{d}x \geqslant \int_0^1 x\mathrm{d}x$. ( )

(3) $\int_0^1 x^2\mathrm{d}x < \int_0^1 x\mathrm{d}x$. ( )

(4) $\int_0^1 x^2\mathrm{d}x = \int_0^1 x\mathrm{d}x$. ( )

7.3 微积分基本定理

一、知识要点

1. 积分上限函数

设函数$f(x)$在$[a,b]$上连续,$x\in[a,b]$,则$f(t)$在区间$[a,x]$上也连续，因此定积分

$$\int_a^x f(t)\mathrm{d}t$$

一定存在，当x在$[a,b]$上任意给定一个值时，定积分$\int_a^x f(t)\mathrm{d}t$都有唯一确定的值与它相对应，因此$\int_a^x f(t)\mathrm{d}t$是x的函数，称之为积分上限函数，记作$\Phi(x)$,即

$$\Phi(x) = \int_a^x f(t)\mathrm{d}t, x \in [a,b]$$

2. 原函数存在定理

若函数$f(x)$在$[a,b]$连续，则积分上限函数

$$\Phi(x) = \int_a^x f(t)\mathrm{d}t, x \in [a,b]$$

在$[a,b]$可导，且$\Phi'(x)=f(x)$. 即函数$\Phi(x)$是被积函数$f(x)$在$[a,b]$上的一个原函数，并且$\Phi(x)$在$[a,b]$上连续.

3. 牛顿—莱布尼兹公式

设$f(x)$在$[a,b]$上连续，$F(x)$是$f(x)$的一个原函数，即$F'(x)=f(x)$,则有

$$\int_a^b F'(x)\mathrm{d}x = \int_a^b f(x)\mathrm{d}x = F(b) - F(a)$$

也可以写成

$$\int_a^b f(x)\mathrm{d}x = F(b) - F(a) = F(x)\big|_a^b, \text{或} \int_a^b F'(x)\mathrm{d}x = F(x)\big|_a^b$$

二、重难点分析

(1) 由牛顿—莱布尼兹公式可知，求连续函数$f(x)$在$[a,b]$上的定积分，只需要找到$f(x)$的任意一个原函数$F(x)$，并计算出差$F(b)-F(a)$即可.

由于$f(x)$的原函数$F(x)$一般可由求不定积分的方法求得，因此牛顿—莱布尼兹公式巧妙地把定积分的计算问题与不定积分联系起来，把定积分的计算转化为求被积函数的一个原函数在上、下限之差的问题.

定积分的基本积分公式由不定积分的基本积分公式转化而来，可见不定积分就是为定积分的计算服务的工具.

（2）牛顿—莱布尼兹公式，也叫作微积分基本公式. 它把微分学与积分学神奇地连接起来，是微积分的基本定理.

三、解题方法技巧

根据定积分的定义来直接计算积分和的极限，是很麻烦的事情，利用牛顿—莱布尼兹公式求定积分是一种简便有效的方法，注意它的应用的必要条件是被积函数是一个连续函数.

分段连续的函数应该分段求函数的定积分再相加.

四、经典题型详解

题型一　用微积分基本定理求定积分

例1　计算$\int_0^3 x^2\mathrm{d}x$.

分析：利用牛顿—莱布尼兹公式求解.

解　$\int_0^3 x^2\mathrm{d}x = [\frac{1}{3}x^3]_0^3 = \frac{1}{3}(3^3 - 0^3) = 9$.

题型二　求变限函数导数

例2　求导数$\Phi'(x)$，$\Phi(x) = \int_x^a t^3\mathrm{d}t$.

分析：此题利用性质1化为积分上限函数，再利用原函数存在定理直接求解.

解　$\Phi(x) = \int_x^a t^3\mathrm{d}t = -\int_a^x t^3\mathrm{d}t, \Phi'(x) = \frac{\mathrm{d}}{\mathrm{d}x}\int_x^a t^3\mathrm{d}t = -x^3$.

例3　已知$F(x) = \int_0^x (t^2 - 1)\sin t\mathrm{d}t$，则$F'\left(\frac{\pi}{2}\right) =$（　　）.

A. $(x^2-1)\sin x$　　B. 1　　C. $\frac{\pi^2}{4}-1$　　D. $1-\frac{\pi^2}{4}$

分析：$F(x)$是一个积分上限函数，$F'(x) = f(x) = (x^2-1)\sin x$，易见选 C.

题型三　综合应用题

例4　$\lim\limits_{x\to 0}\frac{\int_0^{x^2}\sqrt{1+t^2}\mathrm{d}t}{x^2} =$ ________.

分析：该极限属于$\frac{0}{0}$，应用洛必达法则，注意积分上限函数求导和复合函数求导法则.

解　原式$=\lim\limits_{x\to 0}\frac{2x\sqrt{1+x^4}}{2x} = \lim\limits_{x\to 0}\sqrt{1+x^4} = 1$.

例 5 判断 $\int_{-1}^{2}\frac{1}{x}\mathrm{d}x=[\ln|x|]_{-1}^{2}=\ln 2$ 是否正确.

分析：错；因为 $f(x)=\frac{1}{x}$ 在 $x=0$ 处不连续，所以不能用牛顿—莱布尼兹公式求定积分，该定积分其实是不存在的.

同步练习 3

1. 单项选择题

（1）设 $f(x)$ 的一个原函数为 $F(x)$，则 $\int_a^b f(x)\mathrm{d}x$ 等于（　　）.

A. $F(a)+F(b)$　　B. $F(b)-F(a)$　　C. $f(b)-f(a)$　　D. $f(a)-f(b)$

（2）设 $f(x)=\frac{1}{x}$，则 $\int_a^b f(x)\mathrm{d}x$ 等于（　　）.

A. $\ln|x|+c$　　B. $\frac{1}{b}-\frac{1}{a}$　　C. $\ln|b|-\ln|a|$　　D. $\ln|a|-\ln|b|$

（3）设 $f(x)=\frac{1}{\sqrt{1-x^2}}$，则 $\int_a^b f(x)\mathrm{d}x$ 等于（　　）.

A. $\arcsin b-\arcsin a$　　B. $\arctan b-\arctan a$

C. $\operatorname{arccot} b-\operatorname{arccot} a$　　D. $\arccos b-\arccos a$

（4）$\int f(x)\mathrm{d}x=2x+c$，则 $\int_a^b f(x)\mathrm{d}x$ 等于（　　）.

A. b^2-a^2　　B. $2(b-a)$　　C. $b-a$　　D. $2(a-b)$

（5）设 $\int f(x)\mathrm{d}x=\ln x+C$，则 $\int_2^5 f(x)\mathrm{d}x$ 等于（　　）.

A. $\ln 5-\ln 2$　　B. 3　　C. -3　　D. $\ln 2-\ln 5$

2. 填空题

（1）$\int_0^{\frac{\pi}{3}}\cos x\mathrm{d}x=$ ________.

（2）$\int_0^3 \mathrm{e}^x\mathrm{d}x=$ ________.

（3）$\int_0^2(-2x+1)\mathrm{d}x=$ ________.

（4）$\int_0^1\frac{1}{1+x^2}\mathrm{d}x=$ ________.

（5）$\int_1^3 2^x\mathrm{e}^x\mathrm{d}x=$ ________.

3. 判断题

（1）$\frac{\mathrm{d}}{\mathrm{d}x}\left[\int_1^a\frac{\sin x}{x}\mathrm{d}x\right]=0$.　　（　　）

(2) $\frac{\mathrm{d}}{\mathrm{d}a}\left[\int_0^x \sin(-t)\mathrm{d}t\right]=0$. (　　)

(3) 连续函数$f(x)$的一个原函数是$\ln x$，则积分$\int_2^6 f(x)\mathrm{d}x$的值等于$\ln 3$. (　　)

(4) 定积分$\int_{-\pi}^{\pi}\sin x\mathrm{d}x$的值等于0. (　　)

4. 计算

(1) $\int_{\frac{\pi}{4}}^{\frac{\pi}{2}}(\csc^2 x-1)\mathrm{d}x$；(2) $\lim\limits_{x\to 0^+}\left(x^{-1}\int_0^x \cos^2 t\mathrm{d}t\right)$.

7.4 定积分的计算

一、知识要点

1. 定积分的换元积分法

定理1 设$f(x)$在$[a,b]$上连续，令$x=\varphi(t)$，且满足：

(1) $\varphi(\alpha)=a,\varphi(\beta)=b$；

(2) 当t从α变化到β时，$\varphi(t)$单调地从a变化到b；

(3) $\varphi'(t)$在$[\alpha,\beta]$(或$[\beta,\alpha]$)上连续.

则有

$$\int_a^b f(x)\mathrm{d}x=\int_a^{\beta} f[\varphi(t)]\varphi'(t)\mathrm{d}t$$

2. 定积分的分部积分法

定理2 设$u=u(x)$与$v=v(x)$在$[a,b]$上都有连续的导数，则

$$\int_a^b u(x)v'(x)\mathrm{d}x=u(x)v(x)\Big|_a^b-\int_a^b v(x)u'(x)\mathrm{d}x$$

或简写为

$$\int_a^b uv'\mathrm{d}x=uv\Big|_a^b-\int_a^b vu'\mathrm{d}x$$

二、重难点分析

牛顿—莱布尼兹公式告诉我们，求定积分的问题一般可归结为求原函数，从而可以把求不定积分的方法移植到定积分计算中来．从上一节的例子中，我们看到，若被积函数的原函数可直接用不定积分的第一换元法和基本公式求出，则可直接应用牛顿—莱布尼兹公式求解；较复杂的被积函数用第二换元法与分部积分法求出原函数之后，再用牛顿—莱布尼兹公式求解该定积分.

三、解题方法技巧

（1）应用换元积分法时，应注意：

①被积函数如果用新的变量表示，则积分的上、下限也要相应改变；用第一换元积分法（即凑微分法）求定积分时，因为没有引入新的变量，所以积分的上、下限不要改变．

②注意新变量的取值范围（即保证引入函数的单调性）．

③积分结果不要将变量换回原来变量，直接应用牛顿—莱布尼兹公式求解．

（2）使用分部积分法常用的技巧请参考不定积分的分部积分法．

四、经典题型详解

题型一　用第一换元积分法（即凑微分法）求定积分

例1　计算 $\int_0^{\frac{1}{3}} 6e^{3x}dx$.

分析：用凑微分法求解．

解　$\int_0^{\frac{1}{3}} 6e^{3x}dx = 2\int_0^{\frac{1}{3}} e^{3x}d(3x) = [2e^{3x}]_0^{\frac{1}{3}} = 2(e^1 - e^0) = 2(e-1).$

例2　计算 $\int_{\frac{1}{2}}^1 \frac{\arcsin\sqrt{x}}{\sqrt{x(1-x)}}dx.$

分析：多次利用凑微分法．

解　原式 $= 2\int_{\frac{1}{2}}^1 \frac{\arcsin\sqrt{x}}{\sqrt{1-x}}d\sqrt{x} = 2\int_{\frac{1}{2}}^1 \arcsin\sqrt{x}\,d(\arcsin\sqrt{x}) = [(\arcsin\sqrt{x})^2]_{\frac{1}{2}}^1 = \frac{3\pi^2}{16}.$

题型二　用第二换元积分法求定积分

例3　求定积分 $\int_1^4 \frac{\sin\sqrt{x}}{2\sqrt{x}}dx$．

分析：被积函数含有根式，一般先设法去掉根式，这是第二换元积分法常用的情形．

解法1　令 $\sqrt{x}=t$，即 $x=t^2(t>0)$，单调可导，且 $dx=2tdt$，$x=1$ 时 $t=1$，$x=4$ 时，$t=2$. 故

$$\int_1^4 \frac{\sin\sqrt{x}}{2\sqrt{x}}dx = \int_1^2 \frac{\sin t}{2t}2tdt = \int_1^2 \sin t dt = [-\cos t]_1^2 = \cos 1 - \cos 2$$

解法2　由于 $\frac{1}{2\sqrt{x}}dx = d(\sqrt{x})$，故

$$\int_1^4 \frac{\sin\sqrt{x}}{2\sqrt{x}}dx = \int_1^4 \sin\sqrt{x}\,d(\sqrt{x}) = [-\cos\sqrt{x}]_1^4 = \cos 1 - \cos 2$$

该题既可以用第二换元积分法（解法1）求解，也可以用第一换元积分法（解法2）求解，由此可见，定积分的解法是不唯一的．

题型三　用分部积分法求定积分

例4　$\int_0^{\frac{\pi}{2}} t^2\cos t dt$．

分析：用分部积分法解题关键在于 u 和 dv 的选取，关于 u 的选取可按“反对幂三指”的顺序考虑．

解 原式 $=\int_0^{\frac{\pi}{2}} t^2 d(\sin t)=[t^2\sin t]_0^{\frac{\pi}{2}}-\int_0^{\frac{\pi}{2}}\sin t d(t^2)=\frac{\pi^2}{4}-\int_0^{\frac{\pi}{2}}2t\sin t dt$

$$=\frac{\pi^2}{4}+\int_0^{\frac{\pi}{2}}2t d(\cos t)=\frac{\pi^2}{4}+[2t\cos t]_0^{\frac{\pi}{2}}-\int_0^{\frac{\pi}{2}}2\cos t dt$$

$$=\frac{\pi^2}{4}+0-[2\sin t]_0^{\frac{\pi}{2}}=\frac{\pi^2}{4}-2.$$

题型四　综合应用直接积分法、换元积分法和分部积分法求定积分

例 5　计算 $\int_0^{\frac{\pi}{4}} x\tan x\sec^2 x dx$.

分析：该例先用凑微分法，再用分部积分法求解．

解 原式 $=\int_0^{\frac{\pi}{4}} x\tan x d(\tan x)=\frac{1}{2}\int_0^{\frac{\pi}{4}} x d(\tan^2 x)$

$$=\left[\frac{1}{2}x\tan^2 x\right]_0^{\frac{\pi}{4}}-\frac{1}{2}\int_0^{\frac{\pi}{4}}\tan^2 x dx$$

$$=\frac{\pi}{8}-\frac{1}{2}\int_0^{\frac{\pi}{4}}(\sec^2 x-1)dx$$

$$=\frac{\pi}{8}-\frac{1}{2}[\tan x-x]_0^{\frac{\pi}{4}}=\frac{\pi}{4}-\frac{1}{2}.$$

同步练习 4

1. 单项选择题

（1）下列各式不正确的是（　　）．

A. $d\left[\int_a^t f(x)dx\right]=\left[\int_a^t f(x)dx\right]'$　　B. $\int_a^t d[f(x)]=f(t)-f(a)$

C. $\left[\int_a^t f(x)dx\right]'=f(t)$　　D. $d\left[\int_a^t f(x)dx\right]=f(t)dt$

（2）积分 $\int_0^1\frac{x^2}{1+x^2}dx$ 的值等于（　　）．

A. $\frac{1}{2}$　　B. 1　　C. $1-\frac{\pi}{4}$　　D. $\frac{\pi}{4}$

（3）积分 $\int_0^1\frac{1}{1+x}dx$ 的值为（　　）．

A. $\frac{1}{2}$　　B. $1-\ln 2$　　C. $\ln 2$　　D. $\ln 2-1$

（4）积分 $\int_0^2|x-1|dx=$（　　）．

A. 0　　B. 1　　C. 2　　D. -1

（5）积分$\int_0^{\frac{\pi}{6}}\cos 3x\mathrm{d}x$的值为（　　）.

A. 0　　B. 1　　C. $\frac{1}{3}$　　D. $\frac{1}{2}$

2. 填空题

（1）已知$\int_{-a}^{a}(2x+1)\mathrm{d}x = 4$，则$a =$________.

（2）$\int_0^1 \frac{\arctan x}{1+x^2}\mathrm{d}x =$________.

（3）$\int_0^1 \frac{\arcsin x}{\sqrt{1-x^2}}\mathrm{d}x =$________.

（4）$\int_1^2 \frac{\mathrm{e}^{\frac{1}{x}}}{x^2}\mathrm{d}x =$________.

（5）$\int_0^1 \mathrm{e}^{2x}\mathrm{d}x =$________.

3. 判断题

（1）设$I = \int_0^{\frac{\pi}{6}}\sin^3 x\cos x\mathrm{d}x$，则$I = \frac{1}{64}$.　　（　　）

（2）设$I = \int_0^{\frac{\pi}{6}}\sin x\cos x\mathrm{d}x$，则$I = \frac{1}{8}$.　　（　　）

（3）若$f(x)$的导函数是$\sin x$，则$\int_0^{\frac{\pi}{2}}f(x)\mathrm{d}x = -1$.　　（　　）

（4）$\int_0^1 x\mathrm{e}^{-\frac{x^2}{2}}\mathrm{d}x = 1 - \mathrm{e}^{\frac{1}{2}}$.　　（　　）

4. 解答题

（1）求$\int_0^1 \frac{\mathrm{e}^x}{\mathrm{e}^{2x}+1}\mathrm{d}x$；（2）求$\int_1^2 \frac{1}{(3x-1)^2}\mathrm{d}x$；（3）求$\int_{\mathrm{e}}^{\mathrm{e}^3}\ln x\mathrm{d}x$.

7.5　利用定积分求平面图形的面积

一、知识要点

（1）由连续曲线$y=f(x)$与直线$x=a, x=b, y=0$所围成的平面图形的面积.

根据定积分的几何意义，若在$[a,b]$上$f(x)>0$，则所求的面积为

$$A = \int_a^b f(x)\mathrm{d}x$$

若在$[a,b]$上$f(x)<0$，则所求的面积为

$$A = -\int_a^b f(x)\mathrm{d}x$$

在一般情况下（见图7-2），所求的面积为

$$A = \int_a^b |f(x)| \, dx = \int_a^c f(x)\, dx - \int_c^d f(x)\, dx + \int_d^b f(x)\, dx$$

（2）由曲线 $y=f(x)$，$y=g(x)$ 与直线 $x=a$，$x=b$ 所围成的平面图形的面积.

若 $f(x) \geqslant g(x) \geqslant 0$（见图 7－3），则所求的面积为

$$A = \int_a^b f(x)\, dx - \int_a^b g(x)\, dx = \int_a^b [f(x) - g(x)]\, dx$$

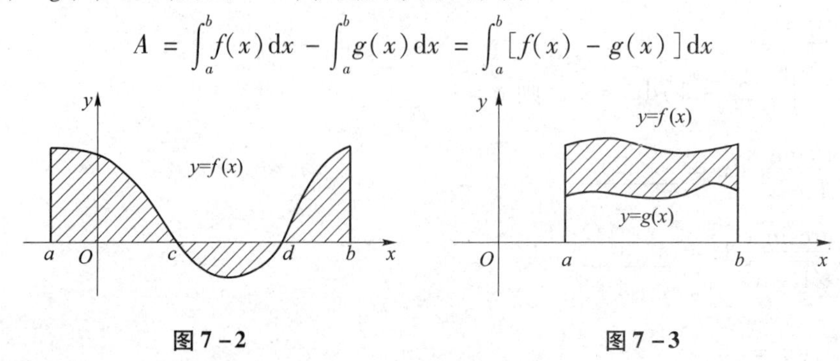

图 7－2　　图 7－3

在一般情况下，所围成的平面图形的面积为 $A = \int_a^b |f(x) - g(x)|\, dx$.

（3）由曲线 $x=\varphi(y)$ 与直线 $y=a$，$y=b$，$x=0$ 所围成的平面图形的面积. 如图 7－4 所示，这和第 1 种情形类似，只不过将积分变量由 x 换成 y，故所求的面积为

$$A = \int_a^b |\varphi(y)|\, dy$$

（4）由曲线 $x=\varphi(y)$，$x=\Psi(y)$ 与直线 $y=a$，$y=b$ 所围成的平面图形的面积. 如图 7－5 所示，这和第 2 种情形类似，但积分变量由 x 换成了 y，故所求的面积为

$$A = \int_a^b |\varphi(y) - \Psi(y)|\, dy$$

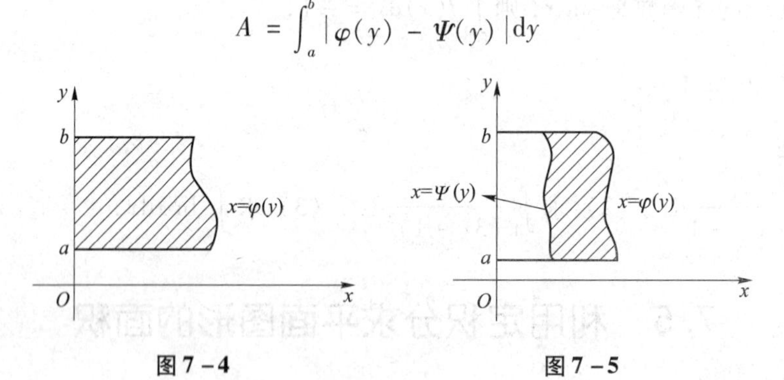

图 7－4　　图 7－5

二、重难点分析

（1）曲线 $y=f(x)$ 与 $x=a$，$x=b$，$y=0$ 所围成的平面图形的面积为 $A = \int_a^b |f(x)|\, dx$；

（2）曲线 $y=f(x)$，$y=g(x)$ 与 $x=a$，$x=b$ 所围成的平面图形的面积为 $A = \int_a^b |f(x) - g(x)|\, dx$；

（3）曲线 $x=\varphi(y)$ 与直线 $y=a$，$y=b$，$x=0$ 所围成的平面图形的面积为 $A = \int_a^b |\varphi(y)|\, dy$；

(4) 曲线 $x=\varphi(y)$, $x=\Psi(y)$ 与直线 $y=a$, $y=b$ 所围成的平面图形的面积为 $A=\int_a^b|\varphi(y)-\Psi(y)|\mathrm{d}y$.

三、解题方法技巧

利用定积分求平面图形的面积时，最好先画个草图，注意交点及曲线之间上下、左右的方位，确保两个函数的差大于或等于0，看不出来就把两个函数的差加上绝对值符号.

四、经典题型详解

题型一　曲线 $y=f(x)$, $y=g(x)$ 与 $x=a$, $x=b$ 所围成的平面图形的面积

例1　求由曲线 $y=\sin x$, $y=3$, $x=\frac{\pi}{2}$以及直线 $x=2\pi$ 所围成的图形的面积.

分析：平面图形如图7－6所示，选择 x 作为积分变量.

解　注意 $3>\sin x$,所围成的图形的面积为

$$A=\int_{\frac{\pi}{2}}^{2\pi}(3-\sin x)\mathrm{d}x=[3x+\cos x]_{\frac{\pi}{2}}^{2\pi}=\frac{9\pi}{2}+1$$

题型二　利用平面图形的对称性求平面图形的面积

例2　求由曲线 $y=\sin x$ 和直线 $x=-\pi$, $x=\pi$, $y=0$ 所围成的平面图形的面积.

分析：由图形的对称性可知，其在一、三两个象限的面积相等，故只需求出第一象限的面积即可.

解　由图形的对称性（见图7－7），所求的面积为

$$A=\int_{-\pi}^{\pi}|\sin x|\mathrm{d}x=2\int_0^{\pi}\sin x\mathrm{d}x=2[-\cos x]_0^{\pi}=4$$

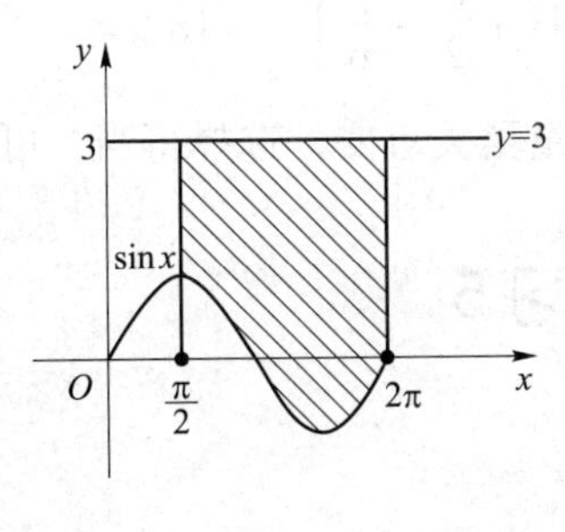

图7－6

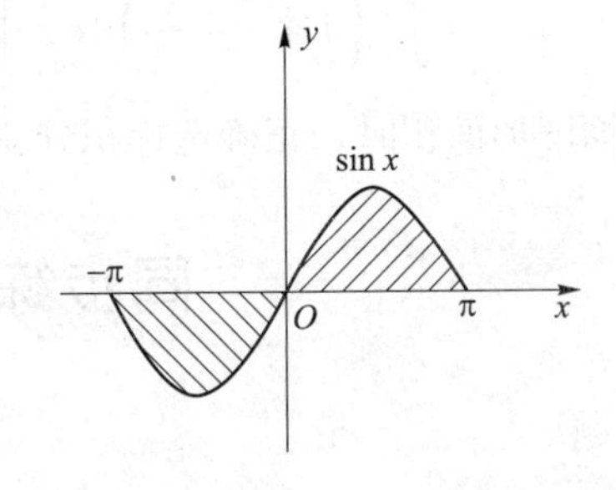

图7－7

例3　求椭圆 $\frac{x^2}{a^2}+\frac{y^2}{b^2}=1$ 的面积.

分析：由椭圆的对称性可知，其在四个象限的面积相等，因此只需要求第一象限的面积即可.

解　作出示意图（见图7－8），

由$\frac{x^2}{a^2}+\frac{y^2}{b^2}=1$ 得 $y=\pm\frac{b}{a}\sqrt{a^2-x^2}$,

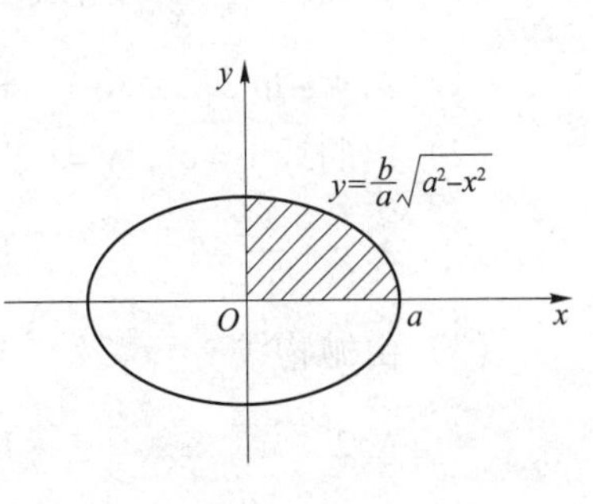

图7－8

由椭圆的对称性，知所求的面积为

$$A = 4\int_0^a \frac{b}{a}\sqrt{a^2 - x^2}\,\mathrm{d}x$$

令 $x = a\sin t$，代入上式得

$$A = \frac{4b}{a}\int_0^{\frac{\pi}{2}} a^2\cos^2 t\mathrm{d}t = 2ab\int_0^{\frac{\pi}{2}}(1+\cos 2t)\,\mathrm{d}t = 2ab\left[t + \frac{1}{2}\sin 2t\right]_0^{\frac{\pi}{2}} = \pi ab$$

题型三　选择恰当的积分变量求平面图形的面积

例 4　计算由曲线 $y^2 = 2x$ 与直线 $y = x - 4$ 所围图形的面积．

分析：先画出平面图形，找出曲线围成的区域，求出交点，合理选择积分变量．

解　由 $\begin{cases} y^2 = 2x \\ y = x - 4 \end{cases}$ 得交点坐标为 $(2,-2),(8,4)$．（见图 7－9）

若选 x 为积分变量，则

$$A = \int_0^2[\sqrt{2x} - (-\sqrt{2x})]\,\mathrm{d}x + \int_2^8[\sqrt{2x} - (x-4)]\,\mathrm{d}x$$

$$= \int_0^2 2\sqrt{2x}\,\mathrm{d}x + \int_2^8(\sqrt{2x} - x + 4)\,\mathrm{d}x$$

$$= \frac{4\sqrt{2}}{3}x^{\frac{2}{3}}\Big|_0^2 + \left[\frac{2\sqrt{2}}{3}x^{\frac{2}{3}} - \frac{1}{2}x^2 + 4x\right]_2^8 = 18$$

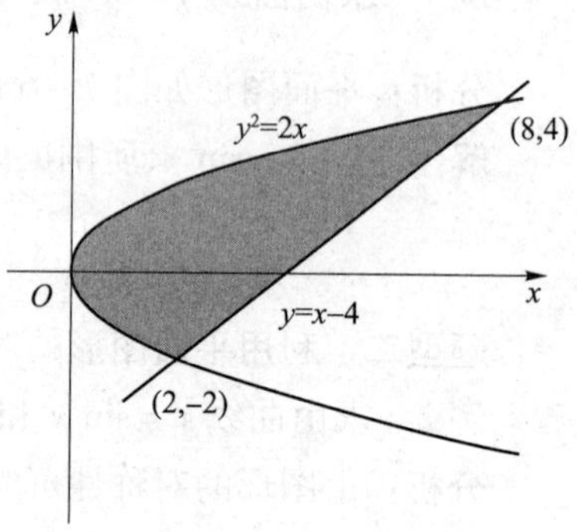

图 7－9

若选 y 为积分变量，则

$$A = \int_{-2}^4\left|(4+y) - \frac{y^2}{2}\right|\mathrm{d}x$$

$$= \int_{-2}^4\left(4 + y - \frac{y^2}{2}\right)\mathrm{d}x = \left[4y + \frac{y^2}{2} - \frac{y^3}{6}\right]_{-2}^4 = 18$$

小结　求平面图形面积时，正确选择积分变量至关重要，选择得当，可简化计算．

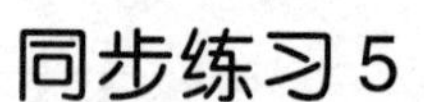

同步练习 5

1. 单项选择题

（1）由曲线 $y = \frac{1}{x}$ 与直线 $y = x$ 及 $x = 3$ 所围成的图形的面积是（　　）．

A. $4 - \ln 3$　　B. $4 + \ln 3$　　C. $2 - \ln 3$　　D. $2 + \ln 3$

（2）由曲线 $y = \mathrm{e}^x$，$y = \mathrm{e}^{-x}$ 与直线 $x = 1$ 所围成的图形的面积是（　　）．

A. $\mathrm{e} + \frac{1}{\mathrm{e}} - 2$　　B. $\mathrm{e} - \frac{1}{\mathrm{e}} - 2$　　C. $\mathrm{e} + \frac{1}{\mathrm{e}} + 2$　　D. $\mathrm{e} - \frac{1}{\mathrm{e}} + 2$

（3）由抛物线 $y = x^2$ 及 $y^2 = x$ 所围成图形的面积是（　　）．

A. 2　　B. 3　　C. $\frac{1}{3}$　　D. $\frac{1}{2}$

（4）由抛物线 $y^2=2x$ 与直线 $x+y=\frac{3}{2}$ 所围成的图形的面积为（　　）.

A. 2　　B. 3　　C. $\frac{16}{3}$　　D. $\frac{1}{2}$

（5）由曲线 $y=\frac{1}{x}$ 与直线 $y=x$ 及 $x=7$ 所围成的图形的面积是（　　）.

A. $24-\ln 7$　　B. $24+\ln 3$　　C. $24-\ln 3$　　D. $24+\ln 3$

2. 填空题

（1）由 $y=x$，$y=x^2$ 所围成的图形的面积为 ________；

（2）由 $y=x^3$，$y=x^2$，$x=2$ 所围成的图形的面积为________；

（3）由 $y=x$，$y=x^5$ 所围成的图形的面积为 ________；

（4）由 $y=\sin x$，$y=\cos x$，$x=0$，$x=\frac{\pi}{2}$ 所围成的图形的面积为 ________；

（5）直线 $y=4-2x$ 与曲线 $y^2=2(x-1)$ 所围成的图形的面积为 ________.

3. 解答题

（1）求由曲线 $y=e^x$，$y=e^{-x}$ 与直线 $x=3$ 所围成的图形的面积.

（2）求由曲线 $y=\frac{1}{x}$ 与直线 $y=x$ 及 $x=10$ 所围成的图形的面积.

（3）由抛物线 $y^2=4x$ 与直线 $x+y=3$ 所围成的平面图形为 D，求 D 的面积 S.

（4）求由曲线 $y=e^x$，$y=e^{-x}$ 与直线 $x=-4$ 所围成的图形的面积.

自测题

一、单项选择题（每题 3 分，共 30 分）

1. 设 $f(x)$ 的一个原函数为 $F(x)$，则 $\int_a^b f(x)\,dx$ 等于（　　）.

A. $F(a)+F(b)$　　B. $F(b)-F(a)$　　C. $f(b)-f(a)$　　D. $f(a)-f(b)$

2. 若 $\int f(x)\,dx = x^2+c$，则 $\int_2^5 f(x)\,dx$ 等于（　　）.

A. 3　　B. -3　　C. 21　　D. -21

3. 若 e^{-2x} 是 $f(x)$ 的一个原函数，则 $\int_2^3 f(x)\,dx=$（　　）.

A. 1　　B. $e^{-6}-e^{-4}$　　C. e^6-e^4　　D. e^6-e^4

4. $\int_{\frac{1}{2}}^1 \frac{dx}{\sqrt{1-x^2}}=$（　　）.

A. $\frac{\pi}{6}$　　B. $-\frac{\pi}{6}$　　C. $\frac{\pi}{3}$　　D. $-\frac{\pi}{3}$

5. 下列等式正确的是（　　）.

A. $\int_1^2 e^x\,dx = e^2-e$　　B. $\int_1^2 x^{-1}\,dx = \ln|x|$

C. $\int_{-1}^{1}\sin x\mathrm{d}x = 2\cos 1$　　D. $\int_{1}^{3}2\mathrm{d}x = 6$

6. 若$f(x)$可积，则$\left(\int_{a}^{b}f(x)\mathrm{d}x\right)' =$（　　）.

A. $f(x)$　　B. $f(b)-f(a)$　　C. 0　　D. $f(a)-f(b)$

7. $\int_{a}^{b}(\sin x)'\mathrm{d}x =$（　　）.

A. $\cos b-\cos a$　　B. $\cos a-\cos b$　　C. $\sin b-\sin a$　　D. $\sin a-\sin b$

8. $\int_{a}^{b}\mathrm{d}\sin x =$（　　）.

A. $\sin a-\sin b$　　B. $\sin b-\sin a$　　C. $\cos a-\cos b$　　D. $\cos b-\cos a$

9. 函数$y=\int_{0}^{x}\cos t\mathrm{d}t$在点$x=\dfrac{\pi}{3}$处的导数是（　　）.

A. 0　　B. 1　　C. $\dfrac{\sqrt{3}}{2}$　　D. $\dfrac{1}{2}$

10. 若$\int_{0}^{2}(3x^2+b)\mathrm{d}x = 2$，则$b=$（　　）.

A. 0　　B. 2　　C. 3　　D. -3

二、填空题（每空3分，共24分）

1. 已知$F(x)=\int_{1}^{x}\ln t\mathrm{d}t$，则$F'(\mathrm{e}^2)=$________.

2. 已知$f(x)=\begin{cases}\dfrac{x^2}{2}, x>1\\ x+1, x\leqslant 1\end{cases}$，则$\int_{0}^{2}f(x)\mathrm{d}x=$________.

3. $\int_{1}^{\mathrm{e}}\dfrac{\ln x}{x}\mathrm{d}x=$________.

4. $\dfrac{\mathrm{d}}{\mathrm{d}x}\left(\int_{1}^{6}x\ln x\mathrm{d}x\right)=$________.

5. $\dfrac{\mathrm{d}}{\mathrm{d}x}\left(\int_{1}^{x}t\ln t\mathrm{d}t\right)=$________.

6. 若$f(x)$是$F(x)$的一个原函数，则$\int_{a}^{b}F(x)\mathrm{d}x=$________.

7. 若函数$f(x)$是奇函数，则$\int_{0}^{x}f(t)\mathrm{d}t$是________函数.

8. $\int_{1}^{3}\dfrac{\ln x}{x}\mathrm{d}x=$________.

三、判断题（每题2分，共6分）

1. 在定积分的定义中，可以把$\lim\limits_{\lambda\to 0}\sum\limits_{i=1}^{n}f(\xi_i)\Delta x_i$改变为$\lim\limits_{n\to\infty}\sum\limits_{i=1}^{n}f(\xi_i)\Delta x_i$.　　（　　）

2. 若函数$f(x)$是偶函数，则$\int_{0}^{x}f(t)\mathrm{d}t$是偶函数.　　（　　）

3. 设$f(x)$的一个原函数是$\ln x$，则$\int_{0}^{2}xf(x)\mathrm{d}x = 2$.　　（　　）

四、计算题（每题 8 分，共 40 分）

1. 计算 $\int_0^{\frac{\pi}{2}} \cos^9 x\sin x\mathrm{d}x$.

2. 求 $\int_1^4 x\left(\sqrt{x}+\frac{1}{x^2}\right)\mathrm{d}x$.

3. 求由曲线 $y=\frac{1}{x}$ 与直线 $y=x$ 及 $x=5$ 所围成的图形的面积.

4. 求 $\int_{-3}^{1}\left(\frac{3}{2}-y-\frac{y^2}{2}\right)\mathrm{d}y$.

5. 求由曲线 $y=\mathrm{e}^x$，$y=\mathrm{e}^{-x}$ 与直线 $x=2$ 所围成的图形的面积.

同步练习参考答案

同步练习 1

1. A　B　C　B　C.

2. （1）0；（2）0；（3）0；（4）必要；（5）$\int_{-1}^{2}\mathrm{e}^x\mathrm{d}x$.

3. ×　√　×　×.

同步练习 2

1. D　A　C　C　A.

2. （1）-4；（2）$\frac{13}{6}$；（3）$-3A-5C$；（4）$2A-3C$；（5）0.

3. ×　×　√　×.

同步练习 3

1. B　C　A　B　A.

2. （1）$\frac{\sqrt{3}}{2}$；（2）e^3-1；（3）-2；（4）$\frac{\pi}{4}$；（5）$\frac{(2\mathrm{e})^3-2\mathrm{e}}{\ln 2\mathrm{e}}$.

3. √　√　√　√.

4. （1）$\int_{\frac{\pi}{4}}^{\frac{\pi}{2}}(\csc^2 x-1)\mathrm{d}x=[-\cot x-x]_{\frac{\pi}{4}}^{\frac{\pi}{2}}=1-\frac{\pi}{4}$；

（2）$\lim\limits_{x\to 0^+}\left(x^{-1}\int_0^x\cos^2 t\mathrm{d}t\right)=\lim\limits_{x\to 0^+}\frac{\int_0^x\cos^2 t\mathrm{d}t}{x}=\lim\limits_{x\to 0^+}\frac{\cos^2 x}{1}=1$.

同步练习 4

1. A　C　C　B　C.

2. （1）2；（2）$\frac{\pi^2}{32}$；（3）$\frac{\pi^2}{8}$；（4）$e-\sqrt{e}$；（5）$\frac{1}{2}(e^2-1)$.

3. √ √ √ √.

4. （1）$\int_0^1 \frac{e^x}{e^{2x}+1}dx = [\arctan e^x]_0^1 = \arctan e - \frac{\pi}{4}$；

（2）$\int_1^2 \frac{1}{(3x-1)^2}dx = \int_1^2 \frac{1}{3(3x-1)^2}d(3x-1) = \left[-\frac{1}{3(3x-1)}\right]_1^2 = \frac{1}{10}$；

（3）$\int_e^{e^3} \ln x dx = [x\ln x - x]_e^{e^3} = 2e^3$.

同步练习5

1. A A C C A.

2. （1）$\frac{1}{6}$；（2）$\frac{3}{2}$；（3）$\frac{2}{3}$；（4）$2\sqrt{2}-2$；（5）$\frac{9}{4}$.

3. （1）曲线 $y=e^x$ 与 $y=e^{-x}$ 交于点（0，1）.

$$A = \int_0^3 (e^x - e^{-x})dx = [e^x + e^{-x}]_0^3 = e^3 + \frac{1}{e^3} - 2$$

（2）由曲线 $y=\frac{1}{x}$ 与直线 $y=x$ 得交点（1，1）.

$$A = \int_1^{10}\left(x - \frac{1}{x}\right)dx = \left[\frac{x^2}{2} - \ln x\right]_1^{10} = \frac{99}{2} - \ln 9$$

（3）抛物线与直线交点坐标为(1,2)，(9，-6).

$$S = \int_{-6}^2 \left(3 - y - \frac{y^2}{4}\right)dy = \frac{64}{3}$$

（4）曲线 $y=e^x$ 与 $y=e^{-x}$ 交点为（0，1）.

$$A = -\int_{-4}^0 (e^x - e^{-x})dx = -[e^x + e^{-x}]_{-4}^0 = e^4 + \frac{1}{e^4} - 2$$

自测题参考答案

一、B C B C A C C B D D.

二、1. 2. 2. $\frac{16}{6}$. 3. $\frac{1}{2}$. 4. 0. 5. $x\ln x$. 6. $f(b)-f(a)$. 7. 偶. 8. $\frac{(\ln 3)^2}{2}$.

三、× × √.

四、1. $\int_0^{\frac{\pi}{2}} \cos^9 x\sin x dx = -\int_0^{\frac{\pi}{2}} \cos^9 x d\cos x = -\frac{1}{10}\cos^{10}x\big|_0^{\frac{\pi}{2}} = -\left(0 - \frac{1}{10}\right) = \frac{1}{10}$.

2. 原式 $= \int_1^4 x^{\frac{3}{2}}dx + \int_1^4 \frac{1}{x}dx = \frac{2}{5}[x^{\frac{5}{2}}]_1^4 + \ln x\big|_1^4 = \frac{62}{5} + \ln 4$.

3. 由曲线 $y=\frac{1}{x}$ 与直线 $y=x$ 得交点（1，1）.

$$A = \int_1^5 \left(x - \frac{1}{x}\right) dx = \left[\frac{x^2}{2} - \ln x\right]_1^5 = 12 - \ln 5$$

4. $\int_{-3}^{1} \left(\frac{3}{2} - y - \frac{y^2}{2}\right) dy = \left[\frac{3}{2}y - \frac{y^2}{2} - \frac{y^3}{6}\right]_{-3}^{1} = \frac{16}{3}$.

5. 曲线 $y = e^x$ 与 $y = e^{-x}$ 交于点（0，1）.

$$A = \int_0^2 (e^x - e^{-x}) dx = [e^x + e^{-x}]_0^2 = e^2 + \frac{1}{e^2} - 2$$

参 考 文 献

[1] 黄永彪，杨社平．微积分基础［M］．北京：北京理工大学出版社，2012.

[2] 杨社平，黄永彪．微积分导学与能力训练［M］．北京：北京理工大学出版社，2016.

[3] 沈彩霞，黄永彪．简明微积分［M］．北京：北京理工大学出版社，2020.

[4] 邵剑，李大侃．微积分专题梳理与解读［M］．上海：同济大学出版社，2011.

[5] 刘书田，孙惠玲，阎双伦．微积分解题方法与技巧［M］．北京：北京大学出版社，2006.

[6] 李正元．高等数学辅导［M］．北京：中国政法大学出版社，2015.

[7] 张天德．高等数学辅导及习题精解（同济第七版）上册［M］．杭州：浙江教育出版社，2018.

[8] 毛纲源．高等数学解题方法技巧归纳上册［M］．武汉：华中科技大学出版社，2017.

[9] 滕兴虎，张燕，滕加俊，颜超．微积分全程学习指导与习题精解［M］．南京：东南出版社，2010.

[10] 孙怀东，杨云富．微积分辅导［M］．成都：电子科技大学出版社，2006.

[11] 潘吉勋．简明微积分教程（上册）［M］．广州：华南理工大学出版社，2007

[12] 陈启浩．微积分精讲精练［M］．北京：北京师范大学出版社，2009.

[13] 华中科技大学微积分课题组编．微积分学同步辅导［M］．武汉：华中科技大学出版社，2009.

[14] 刘秀君，李秀敏．高等数学同步辅导（上册）［M］．北京：清华大学出版社，2018.

[15] 袁学刚，张友．高等数学学习指导（上册）［M］．北京：清华大学出版社，2017.

[16] 河北科技大学理学院数学系编．高等数学同步学习指导［M］．北京：清华大学出版社．2017.

[17] 谢寿才，唐孝等．高等数学（上册）［M］．北京：科学出版社．2017.

[18] 华东师范大学数学系编．数学分析［M］．北京：高等教育出版社，2018.

[19] 邱小丽．微积分学基础学习指导［M］．合肥：中国科学技术大学出版社，2017.

[20] 张明军，党高学．微积分学习指导［M］．北京：科学出版社，2015.

[21] 王培．微积分（文）习题解析［M］．南京：南京大学出版社，2017.